汽車維修塗裝技術

石光成 主編

崧燁文化

序言

　　隨著中國經濟發展和產業結構的調整，職業教育越來越凸現出其重要性，大力發展職業教育是當今舉國之策，重慶市在這大背景下，下發了《中共重慶市委重慶市人民政府關於大力發展職業技術教育的決定》(渝委發〔2012〕11號)文件。該文件對培養現代製造業、現代服務業的高素質技能型緊缺人才的現代職業教育的發展起到了很大的政策支撐和引領作用。

　　由於汽車產業的快速發展，尤其是現代汽車新技術、新工藝的廣泛應用，對汽車製造和汽車後市場人才的要求越來越高。然而，目前許多中職學校汽車運用與維修專業的辦學軟硬體設施還沒有和市場真正接軌，沒有適合學生的職業發展規律，更沒有結合學校自身的實際情況。最為突出的是在專業教學方面，存在課程體系不合理、教學內容陳舊、教學方法落後等問題，完全不能滿足現代汽車產業崗位職業能力培養的需求。

　　為了更好地滿足中等職業學校汽車類專業的教學要求，體現職業教育特色，促進汽車專業人才的培養，我們一線教師和行業專家在廣泛調研和深入實踐的基礎上，按"項目引領、任務驅動"的最新教學理念編寫了這套中等職業學校汽車類專業教材。本系列教材共計17本，分別為《汽車文化》《汽車維修機械基礎》《汽車維修基本技能》《汽車發動機基礎維修》《汽車底盤基礎維修》《汽車電氣設備構造與維修》《汽車發動機電控系統檢修》《汽車底盤電控技術》《汽車電工電子》《汽車車身電控技術》《汽車故障診斷與排除》《汽車維護與保養》《汽車美容與裝飾》《汽車車身修復》《汽車維修塗裝技術》《汽車評估》《汽車中級技能培訓》。

　　本套教材是以市場人才需求為導向，圍繞學生職業能力培養，結合中職學生職業教育規律進行編寫的。其主要特點如下：

　　1. 根據學生崗位職業和發展，教材體系體現了"寬、專、精"三個不同層面的內涵。提煉、整合了傳統專業基礎課程，拓寬專業基礎知識、技能的實用性，滿足不同崗位的需要；針對不同工種的工作需求，編寫了不同工種的專門化核心專業課程；依據"知識夠用、技能實用"原則，精細打造課程，實現與實際崗位工作任務無縫對接。

2. 專業課程體例是按"任務驅動的理實一體化"模式編寫的，體現了以完成工作任務為目的、以應用為中心的職業技能教育特點，實施了"學中做，做中學"的理論與實踐相結合的教學理念。

3. 課程內容滿足專業能力培養的需要。堅持"必需、夠用"的原則，內容嚴謹、容量適宜、難易得當。

4. 結合了汽車行業職業技能考核的要求，注重培養""雙證"技能型人才。

5. 注重學生職業道德與情感的培養，樹立安全和環保的意識。

前言

　　隨著中國汽車產業的迅速發展，尤其是汽車新技術、新工藝的廣泛應用，對汽車製造和汽車後市場人才要求越來越高。然而，目前許多中職學校汽車運用與維修專業課程體系沒有體現當前汽車維修企業崗位職業能力培養的需求。

　　《汽車維修塗裝技術》是以汽車維修企業塗裝崗位的需求為導向，圍繞學生職業能力培養，重點突出技能訓練進行編寫的。本教材分為五個專案共十個任務，其依據塗裝修補典型工作任務和職業能力分析，按照工作任務和作業流程的安全防護，工具、設備和材料的使用，表面處理，泥子(舊稱膩子)施工，中塗處理，調色，面漆噴塗，拋光清潔作為編寫線索和主要內容。其特點具有：

　　1. 充分體現了汽車維修塗裝修補的工藝流程和技能，為以後進一步學習和實際工作打下堅實的職業能力基礎。

　　2. 提煉、整合了傳統專業課程，進一步體現專業知識、技能的實用性、前瞻性。

　　3. 按"任務引領、過程導向"的理實一體化教學模式編寫，符合"學中做、做中學"的教學理念。

　　4. 注重培養學生的專業學習興趣、良好職業意識和情感。

　　5. 在教材呈現形式上力求圖文並茂、通俗易懂，使學生容易接受。

　　在教材編寫中，借鑒了國內外職業教育的先進理念和教材體系，突出"以行業需求為導向、以能力為本位"的原則，充分體現實用性專業技能的培養，注重理論與實踐的融合，彌補了專業技能的空缺。本書適合中等職業學校汽車運用與維修專業學生使用，也可作為汽修行業從業人員職業技能培訓用書。

　　學時分配建議：建議安排在第2學年共2學期。每週按10學時分配，每學期按20周計，共計400學時。現將課時建議如下：

項目	任務	學時分配
塗裝基礎	任務一 安全與防護	10
	任務二 主要塗裝設備和工具的使用	30
	任務三 汽車塗料認識	10
前處理工藝	任務一 表面處理	50
	任務二 泥子施工	90
中塗處理工藝	任務一 中塗底漆噴塗	30
	任務二 中塗底漆打磨	30
調色工藝	任務 色漆調色	50
面漆工藝	任務一 面漆噴塗	50
	任務二 拋光處理	30
機動		20
總計		400

目錄

項目一 塗裝基礎 1

　　任務一　安全與防護 1

　　任務二　主要塗裝設備和工具的使用 17

　　任務三　汽車塗料認識 62

項目二 前處理工藝 75

　　任務一　表面處理 75

　　任務二　泥子施工 91

項目三 中塗處理工藝 113

　　任務一　中塗底漆噴塗 113

　　任務二　中塗底漆打磨 128

項目四 調色工藝 136

　　任　務　色漆調色 136

項目五 面漆工藝 155

　　任務一　面漆噴塗 155

　　任務二　拋光處理 167

項目一　塗裝基礎

任務一　安全與防護

任務目標

目標類型	目標要求
知識目標	(1) 能描述汽車塗裝作業對人體健康的危害及預防保護方法 (2) 能描述汽車塗裝作業對環境的危害及處理方法 (3) 能描述汽車塗裝車間的防火防爆方法 (4) 能描述汽車塗裝設備的安全用電方法
技能目標	(1) 能正確穿戴塗裝作業的防護用品 (2) 能正確處理塗裝作業的"三廢"物品 (3) 能實施塗裝作業的防火、防爆措施 (4) 能做到塗裝車間、設備和工具用電的安全
情感目標	(1) 養成塗裝的個人健康意識和防護習慣 (2) 養成塗裝的安全操作意識和防護習慣 (3) 養成塗裝的環境保護意識

任務描述

目前汽車在使用中造成的碰撞、刮蹭等損傷形式日益普遍，佔企業維修工作任務的 60%以上，這些損傷在鈑金作業後必須要通過塗裝修補來恢復。由於塗料本身的危害性和塗裝修補作業的不安全性，往往會危及施工人員的身體健康，污染環境，甚至發生火災及爆炸等重大安全事故。所以，嚴格遵守塗裝作業的安全規範，執行國家勞動保護法，堅持健康與安全第一的觀念是汽車維修企業和塗裝工必備的素質。

任務準備

一、汽車塗裝有害物質的危害與防護

由於在汽車塗裝材料和塗裝作業過程中易形成大量的有害物質，對人體、環境的危害極大，所以必須實施有效的防護措施來避免傷害，以保證生產的正常進行。

(一)主要危害物質

1. 揮發性有機物質

揮發性有機物質，如塗料中的溶劑、助劑等易揮發的有機物質。這些物質會對人體的肝臟、大腦、神經系統、生殖系統等造成損害，也會對環境造成極大的污染而影響大氣環境品質。

2. 粉塵顆粒物質

粉尖顆粒物質主要有打磨時產生的粉塵和噴塗時形成的漆霧(含有大量重金屬物質)。這些顆粒物質容易被吸入肺部，阻礙血液與氧交換，降低肺活量形成氣喘；同時，也是大氣塵粒物的來源，對大氣環境形成污染和破壞。

3. 異氰酸酯物質

它主要指雙組分塗料中固化劑裡的有毒物質。異氰酸酯具有極強的毒害性，可導致咽喉發乾、頭疼、胸悶和呼吸困難等。

(二)對人體健康的危害及防護

1. 對人體健康的危害

(1) 有害物質對人體健康存在極大的危害，見表1-1-1。危害部位如圖1-1-1所示。

表1-1-1 塗裝作業有害物質對人體健康的危害

危害部位	危害症狀	危害部位	危害症狀
大腦	急性中毒，大腦麻木、受損	肝臟	肝炎，急性肝衰
眼睛	眼黏膜、角膜受損	腸胃	噁心，嘔吐，食欲不振
鼻子	鼻黏膜發乾	腎臟	腎感染
口腔	呼吸困難，口腔黏膜發乾，味覺紊亂，舌苔異常	生殖系統	影響精細胞、卵細胞和胚胎發育，導致不孕不育、早產或出生缺陷
皮膚	刺激皮膚紅腫，引起濕疹	肌肉	萎縮無力
呼吸系統	咳，支氣管炎、肺部腫大	骨髓	白血病
心臟	心律不齊	神經	體力下降，觸覺減弱

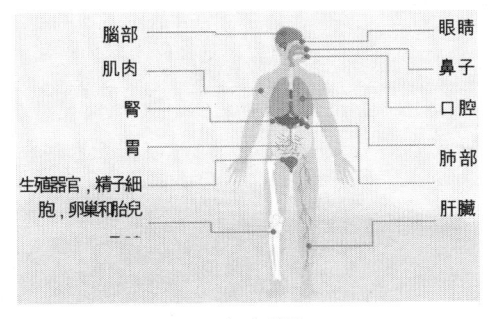

圖 1-1-1 危害部位

(2) 有害物質侵入人體的途徑主要有肺吸收、皮膚吸收、腸胃吸收的方式。

(3) 揮發性有機物質、粉塵顆粒物質在人體內的轉移，如圖 1-1-2 所示。

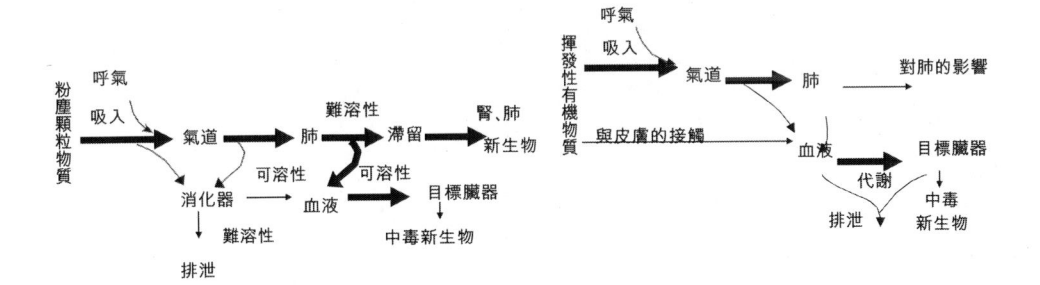

(備註)箭頭的粗細表示了移動時量的關係

圖1-1-2 塗裝揮發性有機物質、粉塵顆粒物質在人體內的轉移

2. 個人防護

(1) 個人防護的關鍵部位，主要有眼睛、皮膚、呼吸道等。

(2) 個人防護用品及功能，見表1-1-2。

表1-1-2 防護用品類型及功能

防護用品類型		防護部位	防護用品功能
工作服	棉質工作服	身體軀幹	(1) 使操作人員身體免受漆霧、粉塵的侵入，防止操作時擦傷等 (2) 除噴漆外的其他作業時穿用
	防靜電噴漆服		(1) 具備噴漆時防靜電的保護功能，也可使操作人員身體免受漆霧、粉塵的侵入 (2) 專用於噴漆作業

續表

防護用品類型		防護部位	防護用品功能
工作鞋		腳部	(1) 具有保護雙腳、防滑的作用 (2) 塗裝作業的所有工序都要求穿戴
工作帽		頭部	具有保護頭部，避免頭髮對粉塵、漆霧、溶劑的吸附。在噴漆時可防止頭屑對噴漆品質的影響
手套	棉線手套	手部	(1) 保護手部免受傷害和污染 (2) 除噴漆、調漆及接觸溶劑時穿戴
	乳膠手套		(1) 保護手部免受溶劑、異氰酸化物的侵入 (2) 一般在噴漆、調漆、清潔、原子灰攪拌時穿戴
	防溶劑手套		(1) 有效保護手部免受溶劑侵入 (2) 一般在洗槍、清潔調色工具和原子灰用具時穿戴
護目鏡		眼睛	具有保護眼睛的作用。防止粉塵、漆霧、溶劑濺入眼睛。塗裝作業的所有工序都要求穿戴
耳塞		耳	保護聽力。在操作中產生較大雜訊時穿戴，如打磨、噴塗作業時
呼吸保護裝置	防塵口罩	面部和呼吸器官，包括臉、眼、鼻、口腔、喉嚨、支氣管、肺，以及其他內臟、神經等	(1) 具有對微粒物過濾作用，防止粉塵進入口、鼻、咽喉和肺 (2) 在產生粉塵的作業工序時穿戴，如打磨、吹塵、清潔作業等
	過濾式防毒面罩		(1) 具有過濾一般防塵口罩不能阻止的更小的微粒物、煙霧和揮發性有機物的作用，可以過濾單組分油漆以及其他非異氰酸酯類漆料的噴霧和蒸汽。這是屬於被動保護措施 (2) 在噴塗（不含異氰酸酯類漆料）、洗槍、調配塗料及顏色、除油、原子灰攪拌及刮塗等時穿戴 提示：在施工環境空氣中氧含量低於19.5%時，或噴塗含異氰酸酯類漆料時不可使用過濾式防毒面罩！
	供氣式面罩		(1) 具備隔絕施工環境的污染空氣的作用，將過濾的壓縮空氣提供給施工人員，保證空氣的清潔、新鮮，達到保護呼吸的目的，是最為安全的保護方式。這是利用清潔、新鮮的壓縮空氣，不受施工環境空氣影響，保護效果更好，屬於主動保護措施 (2) 主要用於噴塗作業。提倡在任何噴塗作業時都採用供氣式面罩 提示：在施工環境空氣中氧含量低於19.5%時，或噴塗含異氰酸酯類漆料時一定要使用供氣式面罩！

(3) 個人防護的規範。不同塗裝作業工序和作業內容，有害物質及其侵入方式不同，存在的危害不同，個人防護的要求也不同。塗裝作業防護用品的選用，見表1-1-3。

表1-1-3 塗裝作業防護用品選用

工序	可能存在的危害	棉質工作服	防靜電噴漆服	工作鞋	工作帽	護目鏡	耳塞	防塵口罩	過濾式防毒面罩	供氣式面罩	棉紗手套	乳膠手套	防溶劑手套
清洗	淋濕身體、傷害眼睛	√		√	√	√						√	
除油	接觸眼、皮膚，吸入有毒氣體	√		√	√	√			√			√	▲
化學法除漆、除鏽	接觸眼、皮膚，吸入有毒氣體	√		√	√	√			√				√
物理法除漆、除鏽	吸入粉塵，傷害手、耳、眼睛等	√		√	√	√	√	√			√		
泥子的攪拌、刮塗	接觸眼、皮膚，吸入有毒氣體	√		√	√	√			√			√	
乾磨	吸入粉塵，傷害手、耳、眼睛等	√		√	√	√	√	√			√		
調色	接觸眼、皮膚，吸入有毒氣體	√		√	√	√				√		√	
調配塗料	接觸眼、皮膚，吸入有毒氣體	√		√	√	√			√			√	
噴塗	接觸眼、皮膚，吸入有毒氣體		√	√	√	√				√			
貼護	一般保護	√		√	√	√							
清洗噴槍、噴壺、調漆尺、刮刀(也稱灰刀)等	接觸眼、皮膚，吸入有毒氣體	√	▲	√	√	√			√	▲			√

續表

工序	可能存在的危害	棉質工作服	防靜電噴漆服	工作鞋	工作帽	護目鏡	耳塞	防塵口罩	過濾式防毒面罩	供氣式面罩	棉線手套	乳膠手套	防溶劑手套
烘烤乾燥	燙傷	√		√	√	√					√		
拋光打蠟	接觸眼、皮膚，吸入有毒氣體、粉塵	√		√	√	√	√				√		▲
板件準備、檢查	劃傷	√		√	√	√					√		
清潔整理	接觸眼、皮膚，吸入有毒氣體、粉塵	√	▲	√	√	√	√	▲		√	▲	▲

注：√表示選用項，▲表示該同類防護品可選用項。

(三)對環境的危害及處理方法

塗裝作業中易形成廢水、廢氣、廢渣的"三廢"物質。清潔時會產生大量的污水；塗料使用中易產生大量的揮發性有機物，打磨時易產生大量的粉塵等廢氣；塗裝時形成的廢塗料、原子灰、遮蔽紙、除油布、手套等廢渣。

"三廢"物質中含有大量的危害人體、環境的有害物質，包括大量的揮發性有機物、塵粒物質、重金屬物質等。必須按照國家環境保護法的規定，規範地處理"三廢"物質，降低對環境的污染。

(1) 廢水。應按國家工業廢水處理標準分級處理。

(2) 廢氣。可按活性炭吸附法、催化燃燒法、液體吸附法和直接燃燒法來處理。

(3) 廢渣。可按分類處理和迴圈使用原則處理。對無法再使用的可在專門的焚燒爐內燒毀，或在規定的場所掩埋處理。

二、防火、防爆

汽車塗裝車間由於使用或存放大量的塗料、稀釋劑等易燃易爆的危險物品，極易造成火災和爆炸事故，危及人和物的安全。因此，在塗裝作業時必須嚴格執行防火、防爆的安全措施。

(一)危險物質燃燒、爆炸特性

危險物質的閃點、燃點和爆炸範圍等特性不同，其燃燒、爆炸的危險性不同，採取的防範措施和方法也不同。

1. 閃點

用可燃性物質產生的易燃氣體與火源接觸後產生燃燒的最低溫度來表示。不同塗料的閃點不同，發生燃燒的特性也不一樣。常見塗料的閃點，見表1-1-4。

表1-1-4 常見塗料的閃點

塗料種類	閃點
油性基礎塗料、合成樹脂磁漆塗料	70~200 ℃
脫漆劑、硝基單組分漆、合成樹脂塗料用稀釋劑等	21~70 ℃
硝基漆、稀釋料	低於21 ℃

2. 燃點

可燃物質沒有接觸外部火源而自燃起火的最低溫度叫燃點。

3. 爆炸極限（爆炸範圍）

溶劑蒸氣與空氣按一定比例混合達到一定濃度時，有火源就會引起爆炸。最低的混合濃度叫爆炸下限，最高的混合濃度叫爆炸上限。混合濃度從下限到上限就是其爆炸極限或稱爆炸範圍。

(二)防火、防爆措施

1. 火源的管理

務必遵守禁止明火的規定。在規定的一定區域，不要使用火源，不能吸煙，不要將暖爐、電熱器等放在易燃物周圍等。

2. 廢棄物的處理

沾油手套、除油布等，用後要放在鐵制或防燃的容器內，不能大量長時間堆積以防止自燃起火；紙箱、雜物、纖維類等物品不要儲藏在有火源或可能起火的地方；下水道等不要倒廢棄油漆，要打掃乾淨，防止起火燃燒。

3. 電氣設備的防災

使用過大的保險絲或燈芯，亂接線路，亂用插頭，使用功率過大的電氣設備都可能引起火災。儲藏地方要使用防爆電氣設備，同時，電氣設備的維護、操作應有專人管理。

4. 危險物的處理

在規定的地方儲藏、使用危險物，不要出現磕碰、摩擦等危險操作，要使用防爆電氣裝置。儲藏或使用的場所要做到常態下的通風並避免陽光直射。含溶劑的物品須密封，蓋好在容器裡，作業現場存放量要少。油性塗料、聚酯泥子廢料和使用後的棉紗等要放在水內浸泡。

5. 靜電的防止

採用防靜電環氧地坪，調漆機、洗槍機等採取防靜電接地。

6. 通風排氣

在作業現場、存儲區域要安裝通風裝置，保證足夠的通風換氣。

7. 配備足夠、有效的安全器材

在作業現場、存儲區域要配備足夠、有效的安全器材，相關人員能熟練掌握滅火的操作方法。

任務實施

塗裝作業個人防護用品的正確穿戴

一、作業準備

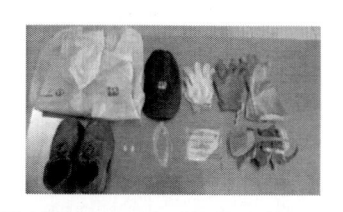	1. 防護用品的準備 準備好所有需要使用的防護用品。
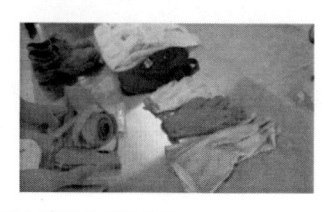	2. 防護用品的檢查 檢查所有防護用品正常與否，尤其是防毒面具中過濾棉的使用狀況。

二、操作步驟

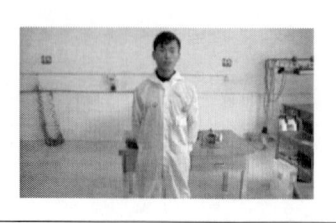	1. 穿戴工作服 穿戴的工作服應乾淨，大小得體。 提示：噴塗作業時應穿防靜電工作服。

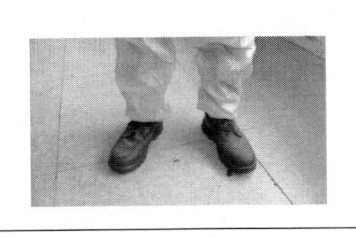

	2. 穿戴工作鞋 　　穿戴的工作鞋應大小得體，具有防滑和保護的性能。
	3. 穿戴工作帽 　　穿戴的工作帽應大小得體，鬆緊適當。 　　提示：噴塗時可戴上連體工作服的帽子遮蔽頭髮。
	4. 穿戴防護眼鏡 　　穿戴的防護眼鏡應鬆緊適當，具有良好的防塵、防液作用，視線清晰。
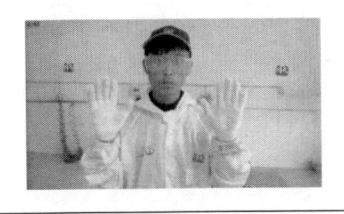	5. 穿戴防護手套 　　(1) 穿戴棉紗手套。保證與指形吻合，鬆緊適當，手指靈活。
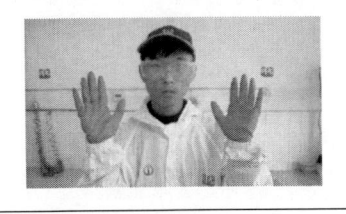	(2) 穿戴尼龍手套。保證與指形吻合，鬆緊適當，手指靈活。
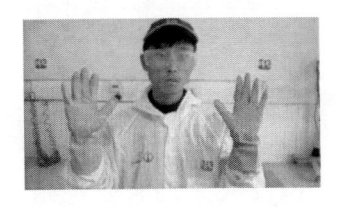	(3) 穿戴防溶劑手套。保證與指形吻合，鬆緊適當，手指靈活。

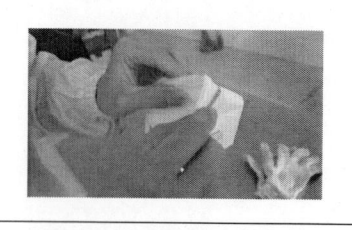

6. 穿戴防塵口罩

（1）打開、穿戴防塵口罩，並調整鼻夾的角度。

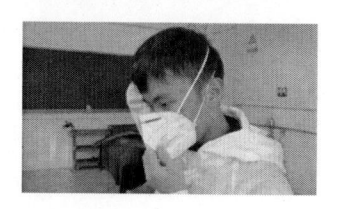

（2）把防塵口罩托於下巴（頜）處，將下方的拉緊帶繞過頭頂置於頸後耳朵的下方。

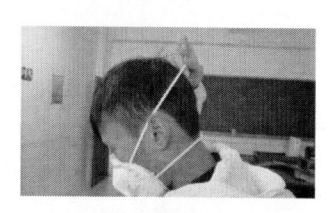

（3）將上方的拉緊帶繞過頭頂置於頸後耳朵的上方。

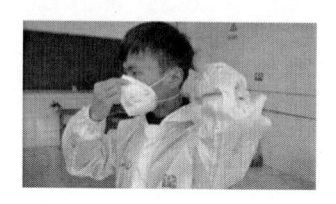

（4）調整鼻夾、口罩和拉緊帶的位置和鬆緊，檢查口罩穿戴的舒適性。

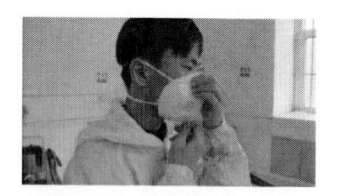

（5）檢查穿戴效果。包括口罩與臉部的密封和防塵性。

提示：穿戴後既要呼吸正常，也要有足夠的密封性。大力呼氣時，如空氣從鼻夾處泄出，可調整鼻夾位置和鬆緊；如空氣從口罩邊緣處泄出，可調整拉緊帶的位置和鬆緊。

（6）拆下防塵口罩，放入防護用品袋。

提示：應保持防塵口罩的清潔和防護性能，並及時更換。

7.穿戴防毒面罩

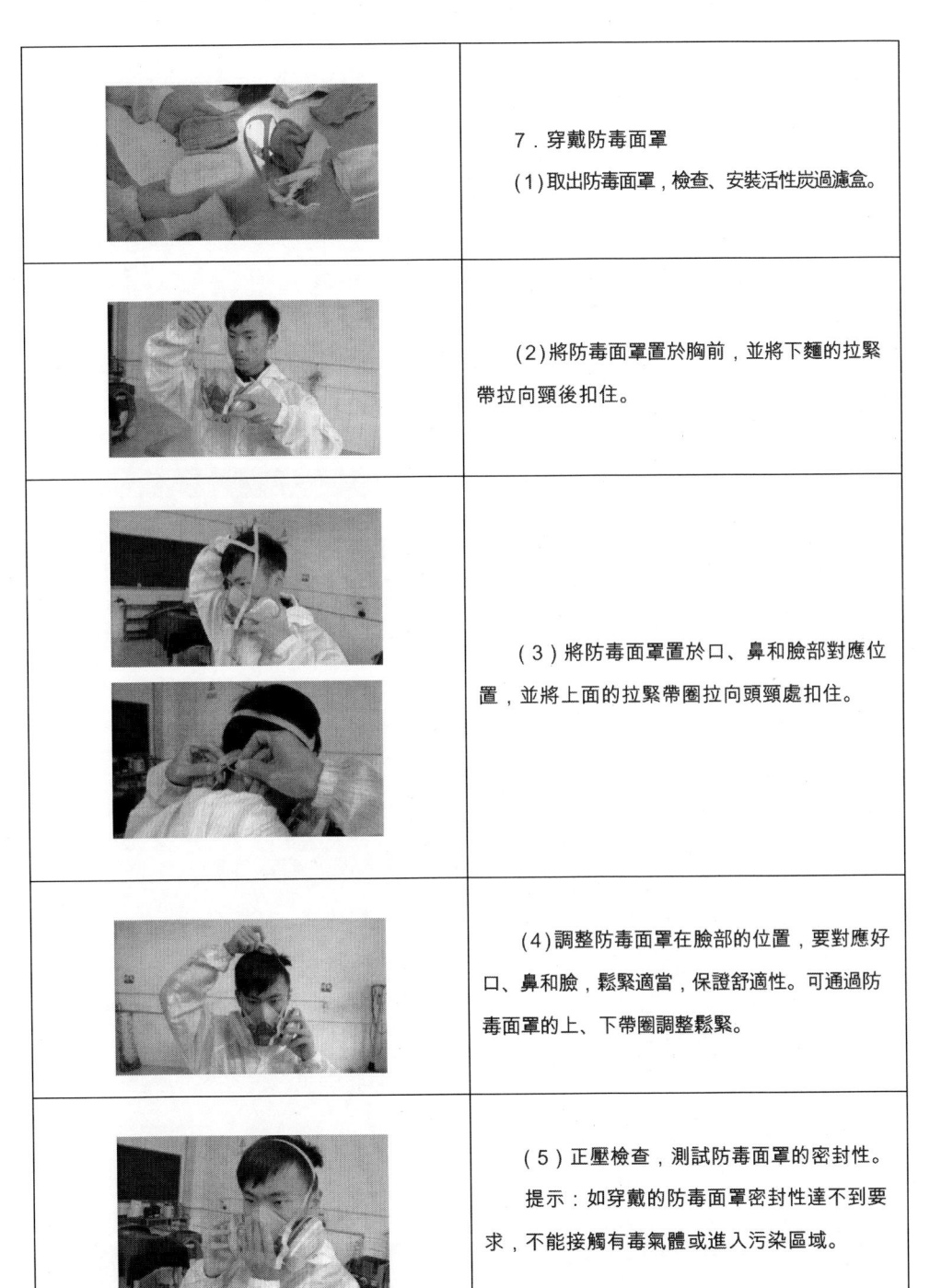

（1）取出防毒面罩，檢查、安裝活性炭過濾盒。

（2）將防毒面罩置於胸前，並將下麵的拉緊帶拉向頸後扣住。

（3）將防毒面罩置於口、鼻和臉部對應位置，並將上面的拉緊帶圈拉向頭頸處扣住。

（4）調整防毒面罩在臉部的位置，要對應好口、鼻和臉，鬆緊適當，保證舒適性。可通過防毒面罩的上、下帶圈調整鬆緊。

（5）正壓檢查，測試防毒面罩的密封性。

提示：如穿戴的防毒面罩密封性達不到要求，不能接觸有毒氣體或進入污染區域。

	(6)拆下防毒面罩。按穿戴的反序拆下防毒面罩。
	(7)拆下活性炭過濾盒放入密封袋，清潔防毒面罩並放回袋中。 提示：活性炭過濾盒需密封保管以延長使用壽命；防毒面罩需保證清潔和酒精消毒處理，並做到專人專用。
	8. 打磨作業的防護用品穿戴 (1) 穿戴好工作服、工作鞋。 (2) 戴好防塵口罩。 (3) 戴好防護眼鏡。 提示：可將防護眼鏡框稍微下移，架放在防塵口罩的鼻夾上，防止呼吸時在眼鏡上形成霧氣，影響視線。
	（4）戴好工作帽、耳塞。
	（5）戴好棉紗手套。

	（6）反向順序拆下防護用品，放回袋中。
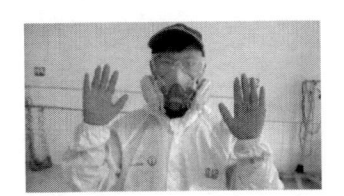	9.調色、噴塗和調配作業的防護用品穿戴 （1）穿戴好工作服、工作鞋。
	（2）穿戴好工作服上的連體工作帽。
	（3）戴好防毒面罩。 提示：噴塗作業時選用供氣式防毒面具效果更好。
	（4）戴好防護眼鏡。
	（5）戴好尼龍手套。
	（6）反向順序拆下防護用品，放回袋中。
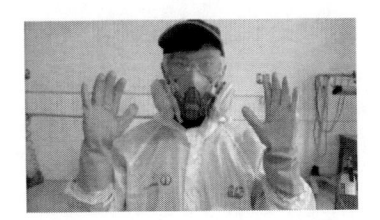	10.除油、噴槍和噴壺清洗、原子灰攪拌和刮塗作業的防護用品穿戴 （1）穿戴好工作服、工作鞋。
	（2）穿戴好工作帽。
	（3）戴好防毒面罩。
	（4）戴好防護眼鏡。
	（5）戴好防溶劑手套。 提示：與液態溶劑直接接觸時必須佩戴厚型的防溶劑手套，嚴防溶劑與人體的接觸；在攪拌和刮塗流體的原子灰時，為了操作方便，可佩戴薄的尼龍手套或棉紗手套。

項目一 塗裝基礎

13

	（6）反向順序拆下防護用品，放回袋中。
	11. 清潔、整理 按照"5S"規範清潔、整理工位元和設備等，並佩戴正確的防護用品。 提示：遮蔽時為了作業方便，可不戴手套進行操作。

任務檢測

一、選擇題

1. 清洗噴槍時應選用的防護手套是（　）。

　　A. 棉紗手套　　　　　　B. 薄型的尼龍手套　　　　C. 厚型的防溶劑手套

2. 打磨羽狀邊應選用的防護手套是（　）。

　　A. 棉紗手套　　　　　　B. 薄型的尼龍手套　　　　C. 厚型的防溶劑手套

3. 調色應選用的防護手套是（　）。

　　A. 棉紗手套　　　　　　B. 薄型的尼龍手套　　　　C. 厚型的防溶劑手套

4. 除舊漆層時應選用的防護口罩是（　）。

　　A. 防灰口罩　　　　　　B. 防毒面具　　　　　　　C. 供氣式防毒面具

5. 噴塗時應選用的防護口罩是（　）。

　　A. 防灰口罩　　　　　　B. 防毒面具　　　　　　　C. 供氣式防毒面具

二、判斷題

1. 汽車塗裝有害物質只包括揮發性有機物質和粉塵顆粒物質。　　　　　　（　）

2. 有害物質侵入人體的途徑只有肺吸收和腸胃吸收的方式。　　　　　　　（　）

3. 可燃物質沒有接觸外部火源而自燃起火的最低溫度叫燃點。　　　　　　（　）

任務評價

評價內容	過程性評價	終結性評價	持續發展性評價	評價人
知識評價				自評
				互評
				教師評價
				總評
技能評價				自評
				互評
				教師評價
				總評
情感評價				自評
				教師評價
				企業評價
				總評

班級：　　　　　姓名：

任務拓展

呼吸保護設備的選用

塗料裡的溶劑、助劑等易揮發的有機物質，容易通過呼吸系統進入人體，造成肝臟、大腦、神經系統、生殖系統等損害。嚴格選用合適的呼吸保護設備，對於塗裝作業而言是十分重要的。一般分為依賴周邊空氣(a)和獨立於周邊空氣(b)的呼吸保護設備，如圖1-1-3所示。

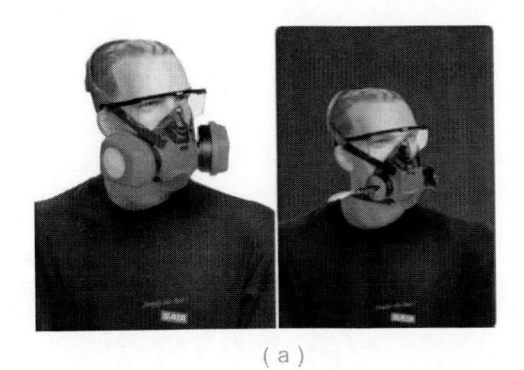

(a)　　　　(b)

圖1-1-3　呼吸保護設備

一、依賴周邊空氣的呼吸保護設備

在粉塵、毒霧顆粒以及有害氣體危害不太嚴重的作業場所使用，呼吸的是經過過濾的作業環境的空氣。因此，其保護作用是有限的。目前普遍使用的是活性炭過濾式口罩，它具有品質輕、使用方便、成本低的特點。

二、獨立於周邊空氣的呼吸保護設備

在粉塵、毒霧顆粒及有害氣體危害嚴重的作業場所使用，呼吸的是經過過濾的作業環境以外的空氣。因此，其保護作用十分明顯。目前，越來越多的企業和員工選用供氣式防毒口罩，它具有品質輕、使用方便、效果優越的優點，但也有成本高的缺點。

任務二　主要塗裝設備和工具的使用

任務目標

目標類型	目標要求
知識目標	(1) 能描述噴槍的組成、類型、結構和原理，能描述噴槍的使用方法 (2) 能描述壓縮空氣供給系統的作用、類型和使用方法 (3) 能描述烤漆房的類型、結構和使用方法 (4) 能描述乾燥設備的類型、作用和使用方法 (5) 能描述乾磨設備與材料的類型、作用和使用方法 (6) 能描述遮蔽材料的類型、作用和特點
技能目標	(1) 能正確使用噴槍進行噴塗操作 (2) 能正確使用壓縮空氣供給系統 (3) 能正確使用烤漆房 (4) 能正確使用乾燥設備 (5) 能正確使用乾磨設備與材料 (6) 能正確使用遮蔽材料
情感目標	(1) 具有作業現場的""5S"習慣 (2) 養成個人防護安全、環保觀 (3) 養成作業品質、效率觀

任務描述

在汽車修補塗裝中需要許多不同設備、工具和材料的使用，其使用方法和熟練程度對修補塗裝的品質、作業效率將產生極大的影響。因此，如何正確地使用塗裝修補的設備、工具和材料是塗裝從業人員的基本技能。

任務準備

一、噴槍

噴槍是車身修補塗裝作業的必備設備，是把塗料和壓縮空氣高壓混合，使塗料呈霧狀噴塗在工件表面。因此，噴槍對修補品質影響極大。噴槍的類型很多，根據用途的不同，可以選擇不同種類的噴槍。

(一)噴槍的類型及用途

1. 自動噴槍和手動噴槍

噴槍按自動化程度分為自動噴槍和手動噴槍。一般自動噴槍用於汽車生產廠的塗裝生產線，並多採用靜電噴塗方式。而手動噴槍主要用於汽車修補塗裝作業。

2. 空氣式噴槍和無氣式噴槍

噴槍按是否使用壓縮空氣分為空氣式噴槍和無氣式噴槍。無氣式噴槍不需要壓縮空氣，而是利用增壓泵增加塗料壓力形成霧化噴塗。汽車修補塗裝使用的噴槍主要是空氣式噴槍，空氣式噴槍根據塗料的供給方式又分為重力式、吸力式和壓送式。汽車修補塗裝多使用重力式和吸力式，其中重力式的噴壺安裝在噴槍上方而稱為上壺式，吸力式的噴壺安裝在噴槍下方而稱為下壺式。空氣式噴槍的三種類型，如圖1-2-1 所示。

(a)重力式　　　　　(b)吸力式　　　　　(c)壓送式

圖1-2-1 空氣式噴槍的類型

3. 底漆噴槍和麵漆噴槍

噴槍按噴塗塗料的類型分為底漆噴槍和麵漆噴槍。底漆噴槍用於防銹底漆、中塗底漆的噴塗，一般採用1.6～1.9 mm 口徑，表現為噴出量多、適合黏度高和膜厚度大的底塗噴塗的特點；面漆噴槍用於單工序面漆、雙工序色漆、清漆的噴塗，一般採用1.3～1.4 mm 口徑，表現為微粒化良好、膜厚較薄、均勻噴塗等特點。底漆噴槍、面漆噴槍舉例如圖1-2-2、圖1-2-3 所示，對應技術參數見表1-2-1、表1-2-2。

圖1-2-2 SATAjet 100 B F HVLP 環保省漆底漆噴槍

表1-2-1 SATAjet 100 B F HVLP 環保省漆底漆噴槍技術參數

項目	HVLP
噴塗氣壓	200 kPa
噴塗距離	＞65％：10~15 cm
耗氣量	350 L/min（200 kPa）

圖1-2-3 SATAjet 4000-110 省漆高效面漆噴槍

表1-2-2 SATAjet 4000-110 省漆高效面漆噴槍技術參數

項目	RP
噴塗氣壓	200 kPa
噴塗距離	＞65％：17~21 cm
耗氣量	285 L/min（200 kPa）

4. HVLP 噴槍

屬於環保型噴槍，HVLP(High Volume Low Pressure)是高流量低氣壓的縮寫，高流量指利用較大流量空氣霧化塗料，耗氣量達350～450 L/min；低氣壓是指噴塗時噴槍空氣帽霧化壓力70 kPa、槍尾進氣氣壓為200 kPa，而傳統噴槍空氣帽霧化壓力200～250 kPa、槍尾進氣氣壓為300～400 kPa。因此，HVLP 噴槍能使工件表面實際獲得的油漆量佔總油漆消耗量的比例更高，即油漆傳遞效率高，傳統噴槍的傳遞效率一般為30％～40％，而HVLP 噴槍的傳遞效率達65％以上。因此，HVLP 噴槍已被廣泛使用。環保省漆面漆舉例如圖1-2-4 所示，相關技術參數見表1-2-3。

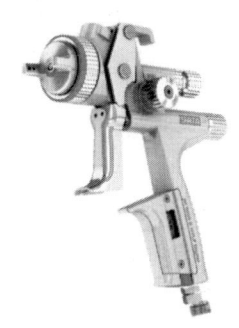

圖1-2-4 SATAjet 5000-120 環保省漆面漆噴槍

表1-2-3 SATAjet 5000-120 環保省漆面漆噴槍技術參數

項目	可應用範圍	HVLP
噴塗氣壓	50～240 kPa	200 kPa
噴塗距離	10～21 cm	＞65％：10～15 cm
耗氣量	430 L/min（200 kPa）	

(二)噴槍的構造和基本原理

1. 噴槍的構造

噴槍由槍體、噴嘴、風帽等部件組成。槍體有手柄、空氣調整旋鈕、漆量調整旋鈕、扇面調整旋鈕、槍壺介面、扳機等，噴嘴部位有空氣帽、噴嘴、槍針等。噴槍的主要部件介紹如下：

(1) 風帽。風帽影響噴槍噴塗特性，其作用是使壓縮空氣將塗料霧化成一定的形狀。風帽上有3種不同位置、大小、角度的孔，最中間的是中心孔，中心孔兩側是輔助孔，最側面伸出部位的孔為角孔，如圖1-2-5 所示。中心孔位於噴嘴的外側，當其噴出壓縮空氣時會產生負壓而吸出塗料，輔助孔可促進塗料霧化，角孔可控制漆物的形狀。

中心孔
輔助孔
角孔

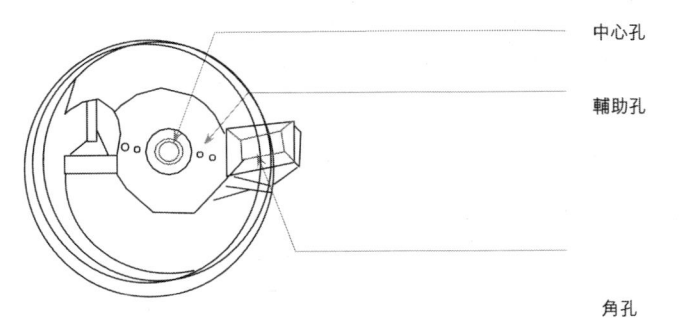

圖1-2-5 風帽

　　風帽上被打開孔的數量越多，空氣消耗量越多，霧狀微粒會變細。反之，微粒會變大變粗。風帽和油漆噴嘴的口徑需根據用途來組合，對油漆噴塗品質影響很大。

　　(2) 噴嘴。噴嘴是安裝在風帽內側的重要零件，可把空氣和油漆供給到風帽前面的中心部分。一般噴槍口徑是指噴嘴的前端孔的直徑，多設定在0.5～2.5mm範圍，1.0～1.5mm用於面漆，1.5～2.0mm用於底漆，噴嘴直徑決定了出漆量大小。噴嘴實物如圖1-2-6所示。

　　(3) 針閥。針閥位於噴槍的中心，與扳手聯動，可前後動作，是調整出漆量的零件之一。慢慢拉動拉杆手柄的話，空氣閥打開，只有空氣流出，進一步拉動的話，油漆就出來了。前端被做成銳角的錐形，通過針閥的拉出餘量調整出漆量。

圖1-2-6 噴嘴

　　(4) 出漆量調整旋鈕。它是調整針閥動作的螺紋，向右(順時針)轉動出漆量減少，向左(逆時針)轉動出漆量增多。

　　(5) 扇面調整旋鈕。它用於扇面形狀的調整。作用示意如圖1-2-7所示。

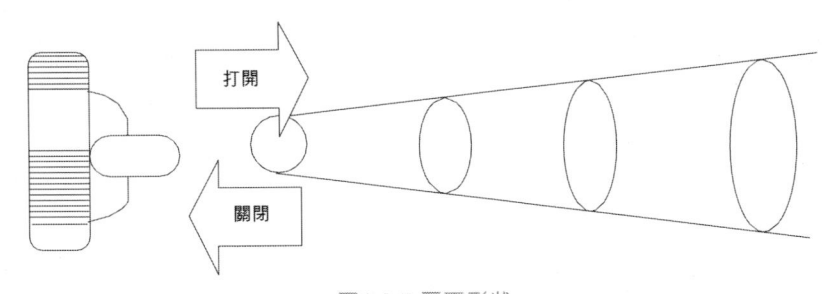

打開
關閉

圖1-2-7 扇面形狀

　　(6) 空氣調整旋鈕。它主要用於空氣氣壓大小的調整。

2. 噴槍的原理

　　噴槍利用從風帽的中心孔高速噴出的壓縮空氣，形成負壓吸出塗料，吸出的塗料與中心孔兩端的輔助孔以及空氣帽兩端角孔中噴出的壓縮空氣急速碰撞，使油漆形成細的霧狀，形成擴散狀態，就能附著在被塗物表面。噴槍原理如圖1-2-8所示。

←──── 塗料
←┈┈┈┈ 空氣

圖1-2-8 噴槍的噴霧原理

(三)噴槍的調整

不同的噴槍類型、塗料類型，以及不同的修補噴塗方式等對噴塗效果影響很大。因此，在噴塗前應合理地調整噴槍，用以檢查噴槍的性能和噴塗的效果和狀態。噴槍調整主要包括：

1. 噴槍氣壓的調整

噴槍的氣壓可通過空氣調整旋鈕來調整，調整時應參考廠家說明和技術要求進行。噴槍氣壓的大小對霧化效果和噴塗品質形成影響，最佳的噴塗氣壓是保證噴塗需要的噴幅寬度和最佳霧化效果所需要的最低壓力。噴槍氣壓過高會形成霧化過度，導致用漆量增加，導致溶劑揮發過快而流動性降低形成橘皮缺陷等；噴槍氣壓過低會霧化差、漆粒粗、塗膜厚，導致出現流掛、溶劑泡等缺陷。

2. 噴槍出漆量的調整

噴槍的出漆量可通過出漆量調整旋鈕來調整，調整時應參考廠家說明和技術要求進行。

3. 噴槍扇面的調整

噴槍的扇面可通過扇面調整旋鈕來調整，調整時應參考廠家說明和技術要求進行。一般局部修補的扇面調整為10～15 cm，整板噴塗的扇面調整為20～25 cm。

上述調整內容需相互配合來調整，可在紙上試噴查看流痕狀態來調整。

(1) 流痕均勻一致。整個噴幅範圍的流痕長度均勻，說明調節合適。

(2) 流痕兩邊長中間短。整個噴幅範圍的流痕長度兩邊長中間短，說明氣壓調整過高或出漆量調整過小，扇面調整過寬或塗料黏度過低。

(3) 流痕兩邊短中間長。整個噴幅範圍的流痕長度兩邊短中間長，說明氣壓調整過低或出漆量調整過大，扇面調整過窄或塗料黏度過高。

(四)噴槍的基本操作

在正確調整噴槍的基礎上，還必須要有正確的噴塗操作。噴槍操作的要點有：

1. 噴塗距離

噴塗距離是指噴嘴的前端與被噴塗物表面間的距離。在塗裝前一定要進行噴塗形狀的調整，在20~25 cm 距離下有正確的噴塗軌跡橢圓形狀和噴霧的霧化狀態。噴槍距離示意如圖1-2-9 所示。

手掌寬度
20~25 cm

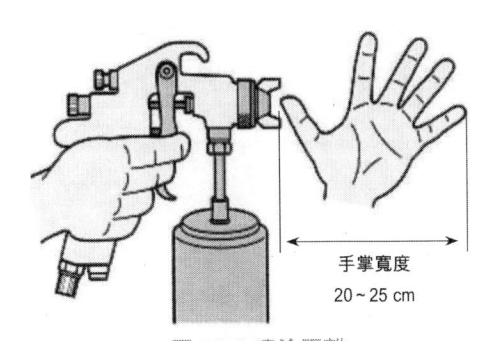

圖1-2-9 噴塗距離

根據噴塗的塗層厚薄要求、稀釋狀況、面積大小等改變距離。一般來說，距離近可能出現濕噴，距離遠可能出現乾噴。濕噴的塗膜容易發生下落(形成"淚痕")，金屬漆的顆粒在塗膜中游動易發生斑點。相反，乾噴的塗層表面粗糙不光滑，金屬漆的鋁粉沉積在漆膜表面而看上去發黑。如圖1-2-10 所示。

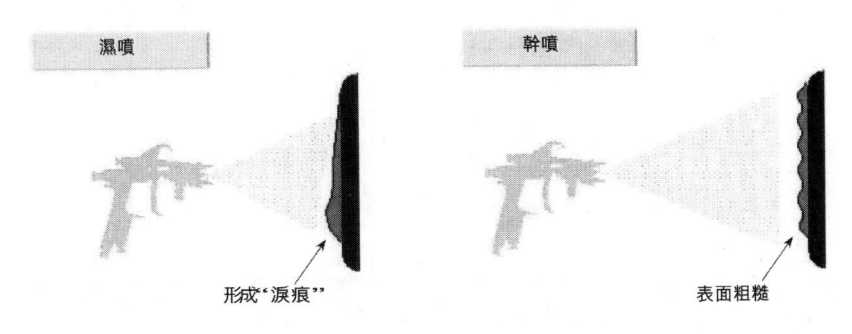

濕噴　　　　　　　　　乾噴

形成"淚痕"　　　　　　表面粗糙

圖1-2-10 乾、濕噴與噴塗距離的關係

2. 噴塗的速度

噴槍的速度是指左右水準方向移動噴槍的快慢。根據塗層要求、塗料類型等條件調整合適的噴塗速度。一般素色漆為30～60 cm/s、金屬漆為90～120 cm/s。速度過慢或過快會發生以下的問題：

(1) 速度慢，漆膜出現"流淚"，金屬漆還會產生對流斑點等缺陷。

(2) 速度快，漆膜變薄，塗膜性能得不到充分發揮。

(3) 速度不均勻，漆膜厚薄不均，塗膜效果受到影響。如圖1-2-11 所示。

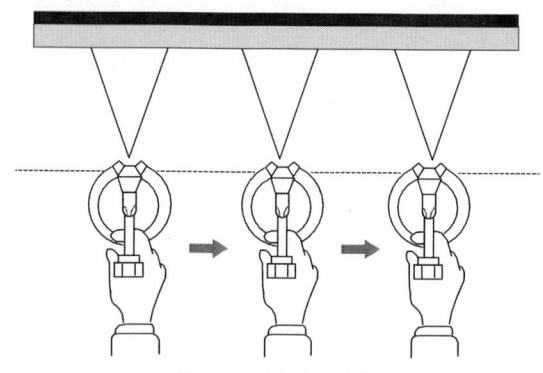

圖1-2-11 噴塗的速度

3. 噴塗的角度

噴槍的噴塗角度應是被塗物與噴槍的各個角度為90°，並要求噴槍與被塗物平行移動。如圖1-2-12 所示。

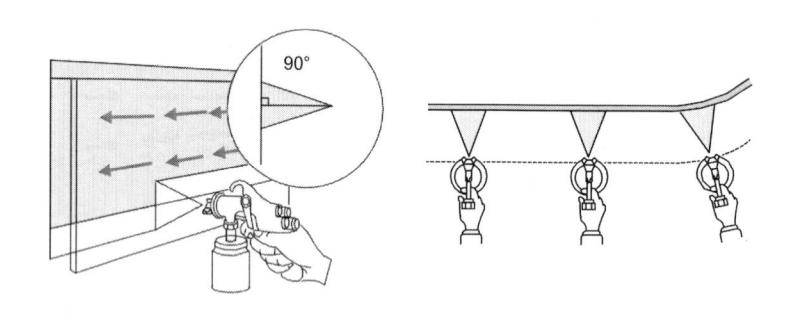

圖1-2-12 噴塗的角度

在修補駁口的暈色過渡時，要使用手腕腕力在邊緣弧形走槍，如圖1-2-13 所示。

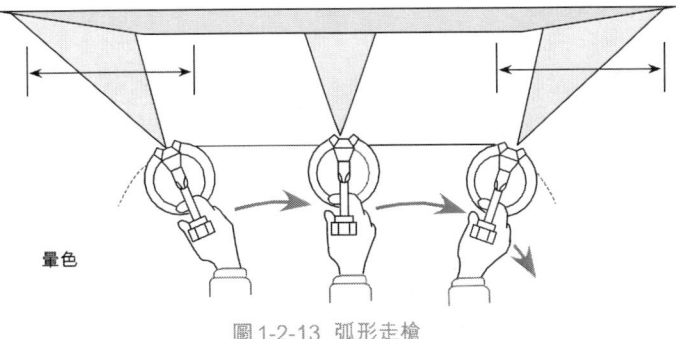

圖1-2-13 弧形走槍

4. 噴輻重疊

噴輻重疊也稱疊幅，是指噴塗重合的寬度，一般多選擇1/3、1/2、2/3、3/4 疊幅。根據遮蔽力、修補方法、塗裝面積或塗料黏度來選擇。如圖1-2-14 所示。

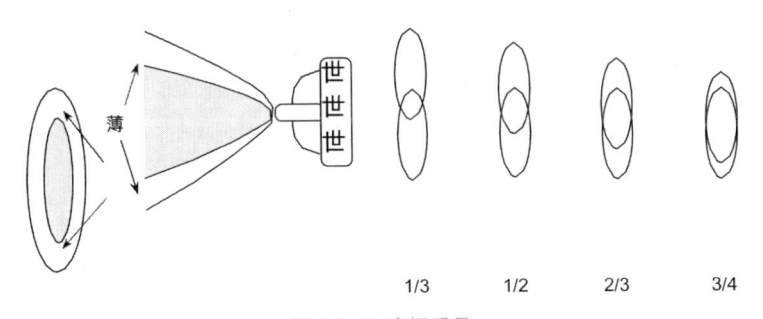

圖1-2-14 噴輻重疊

值得注意的是，噴塗路線應按從高到低、從上到下、從左到右、先裡後外的順序進行。工件上下、左右端的噴塗位置如圖1-2-15 所示。

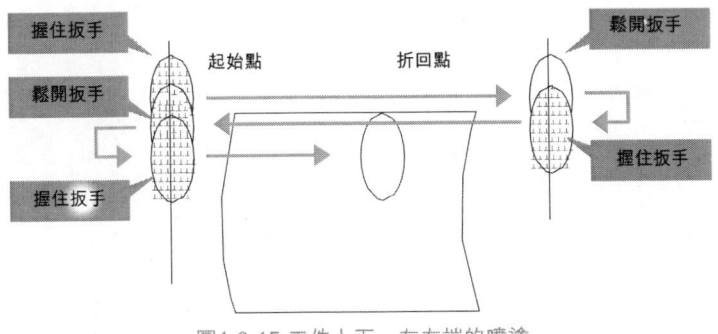

圖1-2-15 工件上下、左右端的噴塗

(五)噴槍的清洗及保養

為了延長噴槍的使用壽命，提高噴塗品質，減少使用噴槍噴塗時的故障，噴塗結束後需及時進行清洗、保養。尤其是雙組分塗料，噴後如不馬上清洗會使塗料在槍內固化，造成噴槍的損壞。清洗的關鍵是清潔乾淨槍杯、風帽及噴嘴，保持清潔和通暢，避免部件如孔眼的損傷。噴槍清洗方法包括手工清洗、洗槍機清洗。

1. 噴槍手工清洗方法

(1) 將槍杯內殘留的油漆倒入專用收集容器，加入清洗用稀釋劑。用刷子清洗槍杯，並把稀釋劑噴射出來，沖洗油漆的流通通道。留下少量的稀釋劑在漆杯內，然後用紗布堵住空氣帽前端的中心孔，拉動扳手使槍內殘留的油漆逆流，對槍內部進行清洗。如圖1-2-16(a)、(b)所示。

注意：殘留的稀釋劑和油漆會飛散，要穿戴好防護用品，降低空氣壓力，蓋好蓋子，面對無人的方向進行操作。

(2) 拆下空氣帽，用刷子結合清洗用稀釋劑清洗空氣帽、噴嘴，特別是空氣孔或油漆的流通孔會有殘渣或垃圾堵塞，可使用竹籤之類硬度低於噴槍零件的工具進行清洗。針閥、出漆量調節螺帽如需要也可拆卸清洗乾淨。如需對噴嘴內進行清洗時，須用專用的梅花扳手拆卸，不要用力過猛，一般每月清洗1次即可。如圖1-2-16(c)、(d)所示。

注意：①如空氣帽、噴嘴、槍針附有難洗的塗料，可將其浸泡在溶劑中。但槍體不需要浸泡，否則會使槍內密封圈硬化；②一般使用軟毛刷清潔，千萬不能使用金屬類硬物(如針、鋼刷)清潔空氣帽、噴嘴的孔，防止槍針、彈簧的變形等。

(3) 安裝檢查。清洗完成後將噴嘴、槍針、彈簧、風帽、槍杯依次安裝，加入一定溶劑噴試檢查，直至完全吹乾。

(4) 注油保養。清洗後按照使用說明書加注油保養。需要特別注意注油的量，過多會讓油進入油漆和空氣的流通通道，在噴槍內部混合，導致漆膜出現缺陷，一般要使用專用的潤滑油。如圖1-2-16(e)所示。

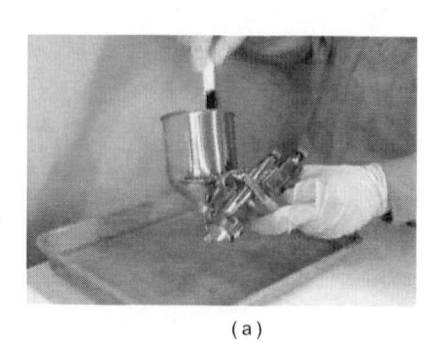

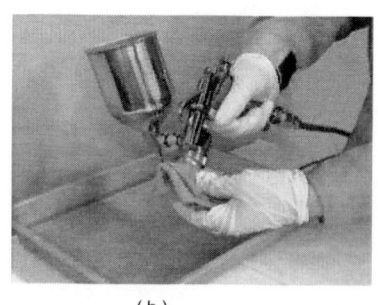

(a)　　　　　　　　　　　　(b)

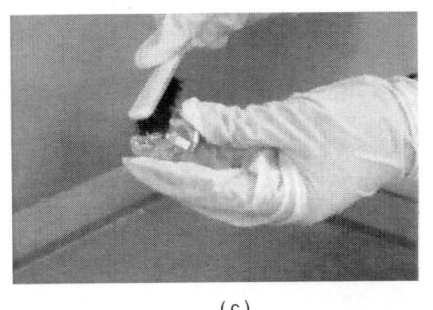

(c) 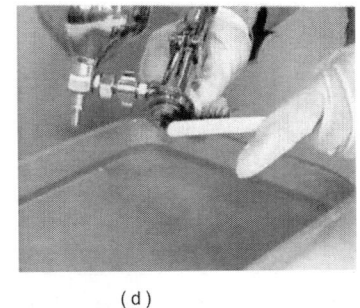   (d)

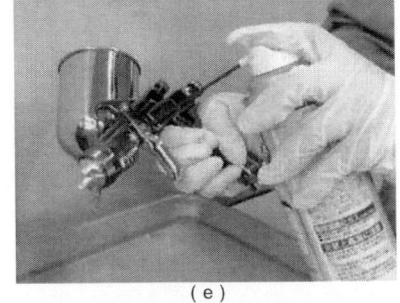

(e)

圖1-2-16 噴槍的清洗

2. 洗槍機清洗噴槍

目前使用洗槍機清洗噴槍越來越多，洗槍機產品主要分為普通洗槍機和快速洗槍機，快速洗槍機如圖1-2-17 所示。使用洗槍機清洗噴槍，具有清洗效率高，操作方便；洗槍的溶劑可集中收集、存放和處理，有利於環保和安全；可減少揮發性氣體的排放和危害等優點。洗槍機的使用應按具體產品說明進行，這裡不再贅述。

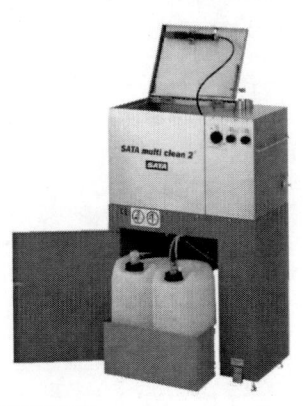

圖1-2-17 快速洗槍機

(六)噴槍的常見故障

噴槍使用過程中由於老化、操作不當、清潔方法不正確等原因,會出現噴塗形狀、噴塗不連續等噴幅異常現象,見表1-2-4。

表1-2-4 噴槍的噴幅缺陷

圖示	項目	說明
	缺陷:	噴幅中央窄,兩端大
	成因:	油漆內的溶劑太多,噴塗氣壓太高,風帽氣孔堵塞
	對策:	檢查油漆黏度,選擇合適的噴嘴口徑,使用SATA 清潔套裝清潔風帽。如需要,更換噴嘴套裝
	缺陷:	油漆聚在中央,噴幅散不開
	成因:	噴塗氣壓太低,油漆黏度太高
	對策:	調節噴塗氣壓(SATA 數字噴槍或SATA 槍尾氣壓錶),檢查油漆黏度
	缺陷:	噴幅呈香蕉形彎曲
	成因:	其中一邊扇形孔堵塞或變形,霧化孔堵塞
	對策:	用合適的工具清潔風帽,必要時更換原廠噴嘴套裝
	缺陷:	噴幅中的濕潤區偏向一邊
	成因:	扇形孔或霧化孔堵塞或變形,噴嘴損壞
	對策:	用合適的工具清潔風帽,必要時更換原廠噴嘴套裝
	缺陷:	噴幅扭曲傾斜或呈""S""形
	成因:	扇形孔堵塞或變形
	對策:	用合適的工具清潔風帽,必要時更換原廠噴嘴套裝
	缺陷:	噴幅不連續、跳動
	成因:	噴嘴未裝緊,空氣分流環的密封面損壞,槍壺通氣孔堵塞
	對策:	用原裝扳手把噴嘴裝緊,更換空氣分流環,清潔槍壺通氣孔

(七)噴槍的常見故障

噴槍使用的常見故障現象、故障原因和解決方法見表1-2-5。

表1-2-5 噴槍的常見故障

序號	故障現象	故障原因	解決方法
1	噴幅形狀呈重心偏向一側	氣帽中心孔或霧化孔堵塞	(1) 清潔霧化帽 (2) 更換霧化帽
2	偏左或偏右	(1) 氣帽一側的扇面控制孔堵塞 (2) 氣帽受損	(1) 清潔霧化帽 (2) 更換霧化帽
3	噴幅中央過厚	(1) 噴塗的塗料黏度太高 (2) 噴塗壓力太低 (3) 噴嘴的口徑和頂針由於磨損而增大和變小	(1) 調低塗料黏度 (2) 增大噴塗壓力 (3) 更換噴嘴套裝
4	噴幅分裂	(1) 塗料黏度太低 (2) 噴塗壓力太高 (3) 扇面控制孔內徑偏大 (4) 塗料不夠 (5) 霧化空氣通道堵塞	(1) 調高塗料黏度 (2) 調低噴塗壓力 (3) 更換噴嘴套裝 (4) 添加足夠的塗料 (5) 清潔噴槍的空氣通道
5	跳槍	(1) 噴嘴沒擰緊或沒裝好 (2) 槍針密封套件鬆動 (3) 噴槍的連接螺母鬆動（下壺噴槍） (4) 壺裡塗料不足 (5) 噴嘴套裝損壞	(1) 旋緊噴嘴或清潔並安裝噴嘴套裝 (2) 緊固頂針密封套件 (3) 旋緊連接螺母 (4) 補充塗料 (5) 更換噴嘴套裝
6	噴幅上重或下重	(1) 噴嘴、頂針或氣帽的空氣出口上有雜物堵塞 (2) 氣帽或噴嘴受損	(1) 清潔噴嘴套裝 (2) 更換噴嘴套裝
7	噴不出塗料或少量出漆	(1) 槍壺蓋的空氣補充孔堵塞或氣帽及吸料管嚴重堵塞 (2) 壺內沒有塗料 (3) 頂針行程太小	(1) 清潔壺蓋上的空氣補充孔、氣帽及吸料管 (2) 補充塗料 (3) 旋轉塗料流量調節旋鈕增大針閥的行程
8	噴嘴處漏塗料	(1) 頂針密封螺帽太緊 (2) 噴嘴埠內部有異物 (3) 噴嘴和頂針不配套或有損傷 (4) 頂針回位彈簧斷掉或未裝	(1) 旋松頂針密封螺帽 (2) 清潔噴嘴 (3) 更換噴嘴套裝 (4) 更換頂針回位彈簧或安裝頂針回位彈簧

序號	故障現象	故障原因	解決方法
9	噴幅不能調節	(1) 氣帽的兩側扇面控制孔堵塞 (2) 噴幅調節器受損或安裝錯 (3) 噴槍扇面控制孔的空氣通道堵塞	(1) 清潔氣帽 (2) 更換噴幅調節器或正確安裝噴幅調節器 (3) 清潔空氣通道
10	不能正常調節氣壓或剛接上壓縮空氣就會直接從槍口噴出	(1) 空氣調節器受損或空氣閥門損壞 (2) 空氣閥門回位彈簧斷掉或未安裝	(1) 更換空氣調節器或空氣閥門 (2) 更換空氣閥門回位彈簧或裝上空氣閥門回位彈簧
11	頂針密封件漏塗料	(1) 頂針密封圈磨壞 (2) 頂針密封圈墊未安裝 (3) 頂針密封圈彈簧損壞或未安裝 (4) 頂針密封螺帽松脫 (5) 頂針與密封圈的接觸處磨損 (6) 頂針與噴槍不配套	(1) 更換頂針密封圈 (2) 加裝頂針密封圈墊片 (3) 更換或加裝頂針密封圈彈簧 (4) 擰緊頂針密封螺帽 (5) 更換噴嘴套裝 (6) 更換與噴槍相配的噴嘴套裝

二、壓縮空氣供給系統

壓縮空氣供給系統主要是為車身修補塗裝作業提供足夠氣壓、氣量，以及乾燥、清潔的氣源，是使用氣動工具、設備的動力保證。

壓縮空氣供給系統主要由空氣壓縮機、供氣系統組成。

(一)空氣壓縮機

1. 空氣壓縮機的種類

目前汽車塗裝車間使用的空氣壓縮機有往復活塞式、螺杆式兩種。空氣壓縮機是通過壓縮空氣提升氣壓的設備，形成的高壓氣體可使噴槍進行噴塗，也可使用在其他氣體工具上。空氣壓縮機的實物舉例如圖1-2-18 所示。

圖1-2-18 空氣壓縮機

(1) 往復活塞式壓縮機。

採用活塞的往復運動來壓縮空氣，其特點在於：氣量中等，性能隨使用時間增加而較快減退，機油或油氣會進入壓縮空氣管路，可分為單缸、多缸或一級壓縮、二級壓縮的形式。二級壓縮機可提供0.7～1.4 MPa 的穩定氣壓，適合中等氣量需求的汽車維修企業。

(2) 螺杆式壓縮機。

採用轉子的高速運動產生壓力。目前使用廣泛，性能良好。主要的特點在於：風壓風量恒定，氣量大且清潔，雜訊小，節能高效，適合大氣量需求的大型汽車維修企業。

2. 空氣壓縮機的配套設備

(1) 儲氣罐。壓縮機產生的高壓空氣首先進入儲氣罐存儲，起著穩定氣壓和保證氣量的作用。儲氣罐內的氣壓控制壓縮機的工作，當儲氣罐內的空氣消耗而降壓到一定值時，壓縮機會重新啟動工作，儲氣罐的大小影響壓縮機的工作時間。一般使用的儲氣罐為1～2 m³，氣壓1 MPa。

(2) 冷凍乾燥器。壓縮機產生的高壓空氣溫度可達 100～150 ℃，必須經過降溫到露點以下才能把壓縮空氣中的油、水變成油滴、水滴，並通過濾排出。高壓空氣經過儲氣罐的散熱後就進入冷凍乾燥器，以排出油分、水分。如圖 1-2-19 所示。

(3) 精密篩檢程式。精密過濾器具有不同的等級，具有去除更小灰塵、油粒的作用。粗篩檢程式可除1μm 灰塵、1×10⁻⁶ mm油粒，精篩檢程式可除0.01 μm灰塵、0.01×10⁻⁶ mm油粒，超精過濾器可除0.003×10⁻⁶ mm 油粒。

(4) 油水分離器。經過壓縮機、儲氣罐、冷凍乾燥器、精密篩檢程式等的過濾、分離後，壓縮空氣中還含有少量的油、水和顆粒，會對噴塗品質造成影響。為了獲得高品質的噴塗效果，必須保證噴塗壓縮空氣的乾燥和清潔。因此，需在空氣支管路上安裝油水分離器。

圖1-2-19 冷凍乾燥器

油水分離器可分離壓縮空氣的油、水和顆粒，並通過自動或手動排水閥排出，確保輸出空氣的清潔和乾燥。同時配有氣壓調節表，可起調節和穩定氣壓的作用。如圖1-2-20 所示。

圖1-2-20 油水分離器

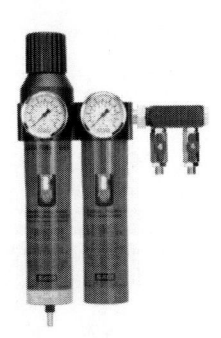

油水分離器一般安裝在空氣支管和橡膠軟管之間，按不同的作業區域、用途使用不同節數的型號。油水分離器的類型和特點見表1-2-6。

表1-2-6 油水分離器的類型和特點

作業工位	類型	特點
普通工位	單節	滿足打磨、除塵、油漆混合
噴塗工位	雙節	(1) 第一節：黃銅芯，過濾大於5 μm 水、油和雜質 (2) 第二節：纖維芯，過濾0.01 μm 水、油和雜質，空氣流量達2～3.6 m^3 / min，效能達99.998%
	三節	在雙節基礎上增加活性炭芯，可除0.003×10^{-6} mm 油粒，效能達100%

3. 空氣壓縮機的使用和維護

(1) 空氣壓縮機的使用。

由於空氣壓縮機在運行中會產生熱量並排除水分，故安裝空氣壓縮機時要注意以下幾點：

①空氣壓縮機需安裝在通風、散熱良好的房間裡，能夠保證空氣壓縮機吸入清潔空氣，溫度以正常運作後不超過40 ℃為宜。

②空氣壓縮機需安裝在距離牆面至少30 cm 的位置，以利於檢修、維護和散熱。

③空氣壓縮機房需設置排水溝，使空氣壓縮機、儲氣罐、冷凍乾燥機能有效地排除水分，以保證空氣壓縮機房的清潔。

(2) 空氣壓縮機的維護。

空氣壓縮機的維護非常重要，這關係到壓縮機的使用壽命、供氣質量及修理廠的工作效率。因此，一般需要對空氣壓縮機進行每日維護和每月維護，使壓縮機時刻處於最佳工作狀態。

①空氣壓縮機日維護的內容。

a.放掉儲氣罐、油水分離器、冷凍乾燥機中的水。

b.檢查曲軸箱的機油液面高度，確認是否在油尺最高和最低標線之間。

c.清潔空氣壓縮機上的灰塵。

②空氣壓縮機月維護的內容。

a.清潔空氣濾清器，可用溶劑清洗毛氈、海綿等過濾材料，晾乾後重新裝好。

b.添加或更換曲軸箱內的機油。空氣壓縮機的機油一般每工作500 h 或2 個月更換一次，必要時可縮短更換時間。

c.檢查空氣壓力錶是否正常。

d.檢查儲氣罐安全閥性能是否良好，若不能正常工作應立即檢修或更換。

e.檢查"V"形帶的鬆緊狀況，並予以調整。

f.查看電動機轉軸和空氣壓縮機的飛輪有無鬆動現象，並予以調整。

g.檢查所有閥芯和氣缸蓋，不能有鬆動現象。

h.檢查空氣壓縮機附件、油箱及供氣管是否存在漏油、漏氣現象。
i.開機檢查運轉中有無異常雜訊。
j.關閉儲氣罐排氣閥,檢查泵氣時間是否正常。
k.檢查空氣壓縮機在全負荷運轉中的溫度升高範圍是否正常。
l.清潔氣缸、氣缸頭、內冷器、電動機及其他易積塵的部位。

(二)供給系統

從壓縮機到用氣設備之間需要設計管路系統,保證壓縮空氣清潔、乾燥,如圖1-2-21所示。安裝時應注意以下方面。

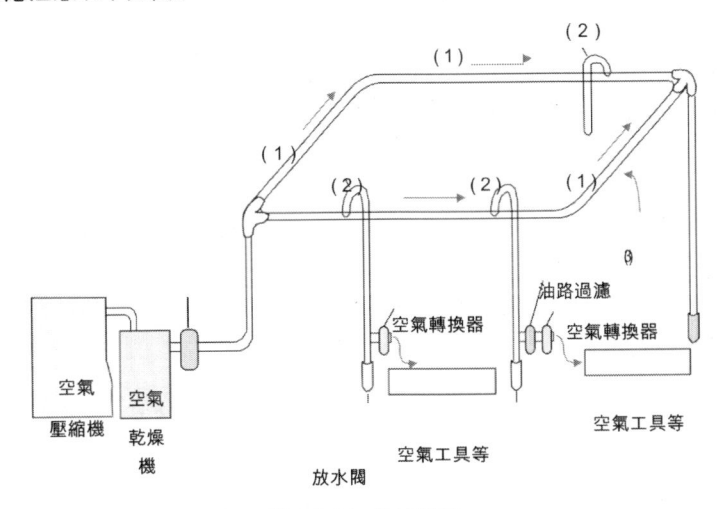

圖1-2-21 供給系統

1.空氣管道及空氣軟管的直徑、長度

空氣管道及空氣軟管內徑越大,壓力損失越小;長度越長,壓力損失越大。因此,主管儘量要粗,細管(橡膠管等)儘量要短,少走彎路,少用彎管和接頭。依據用氣量進行選擇,一般主管內徑應達到2~3 in(1 in = 25.4 mm),供氣支管內徑應達到1~2 in,橡膠軟管內徑應達到8~10 mm(HVLP噴槍必須達到10 mm以上),長度不超過10 m(每增加5 m,氣壓下降20~35 kPa)。

2.供氣主管的形狀及作用

供氣主管在車間上方呈環形,保證各方位壓力相同、穩定;供氣主管應向排水端傾斜,斜度為1/100,並要求在排水端安裝排水閥。

3.供氣支管的要求

供氣支管應從主管上方以""U"形方式分出,下垂高度一般為80~100 cm,防止主管裡水、油進入支管。

4.加裝油水分離器

供氣支管與橡膠軟管之間應安裝油水分離器。

三、烤漆房

烤漆房是塗裝修補的必備設備，是噴塗及乾燥的場所。由於噴塗時產生的大量噴霧和溶劑氣體，會影響安全衛生，也會引起塗膜的各種缺陷，甚至造成嚴重的環境污染。同時，為了提高作業效率，噴塗後需強制乾燥。因此，需要專用的噴塗間及乾燥間，即烤漆房。烤漆房需要具備以下的設備與功能：

(1) 強制排氣設備。防止作業人員吸入噴霧和溶劑的有害氣體。

(2) 進氣篩檢程式。避免雜質和灰塵等沾到塗膜上，目的是將乾淨的空氣送入噴塗間內。

(3) 排氣篩檢程式。收集噴霧，防止對作業車間和周邊環境的污染。

(4) 加溫及調整裝置。用來調整噴塗間的溫度，便於噴塗和烘烤。

(一)烤漆房的分類

(1) 按外形結構的不同，分為室式和通道式。室式為一側開門讓車輛進出，一般維修企業使用較多；通道式為對側兩邊開門，便於流水線生產，一般生產企業或大型維修企業使用較多。

(2) 按使用能源的不同，分為燃油型(柴油)、燃氣型(天然氣)和電熱型。

(3) 按傳熱乾燥方式的不同，分為對流式、輻射式和混合式。

(4) 按空氣過濾系統的不同，分為濕式空氣過濾式、乾式空氣過濾式。

(二)烤漆房的結構和工作原理

烤漆房的類型很多，其結構和工作機理存在差異。下面以普通推拉型烤漆房為例來介紹。如圖1-2-22 所示。

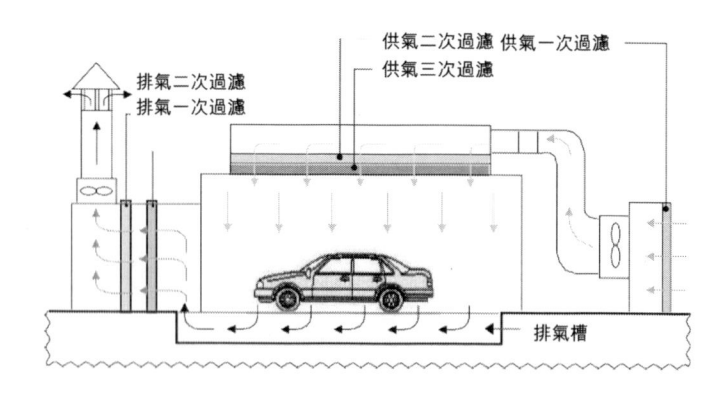

圖1-2-22 烤漆房結構示意圖

1. 烤漆房尺寸

尺寸為長度6.8～7.0 m、寬4.3～4.5 m、高2.3～2.5 m(高頂棚車需要3.0 m以上)。

2. 進氣、排氣裝置

供氣、排氣方式為上部供氣、下部排氣(下吸式)。進氣、排氣裝置如圖1-2-23 所示。

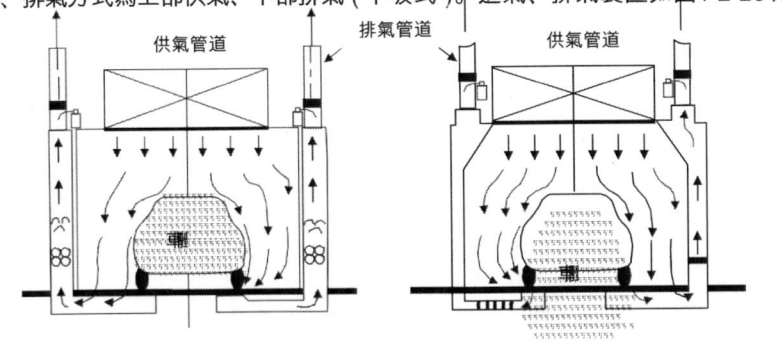

圖1-2-23 進氣、排氣裝置

3. 進氣的溫(濕)度調整

汽車修補用塗裝間多採用單間式，一台加熱裝置噴塗時加溫、乾燥時加熱，通過切換節氣閥調整風量或調整加熱裝置來進行溫度控制。如圖1-2-24 所示。

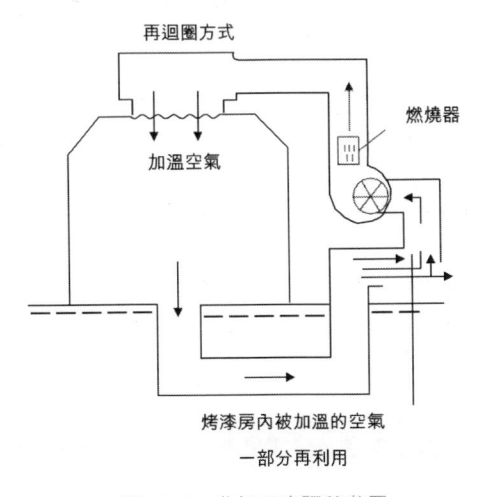

圖1-2-24 進氣溫度調整裝置

注意：一般的烤漆房的標準為風速 0.2～0.5 m/s、溫度 18～22 ℃、濕度 65%～75%。

4. 進氣的過濾

烤漆房在空氣入口有第一次篩檢程式和裝在烤漆房頂棚供氣面的第二次篩檢程式。如圖1-2-25 所示。

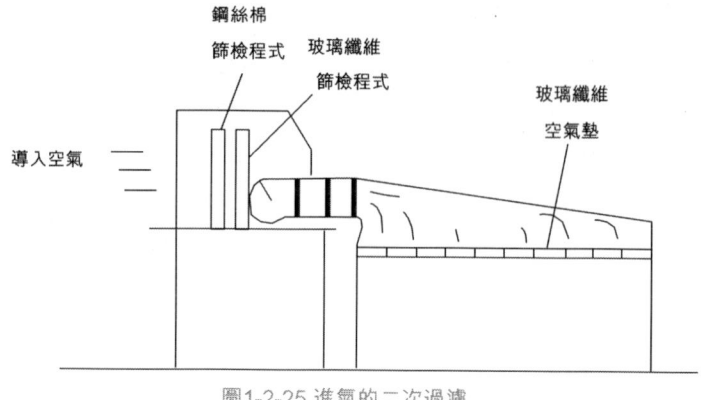

圖1-2-25 進氣的二次過濾

5. 烤漆房內氣流的佈置

為防止烤漆房內的氣流紊亂，過濾空氣的吹出口、污染空氣的排氣口都要做合理的佈置。如圖1-2-26 所示。

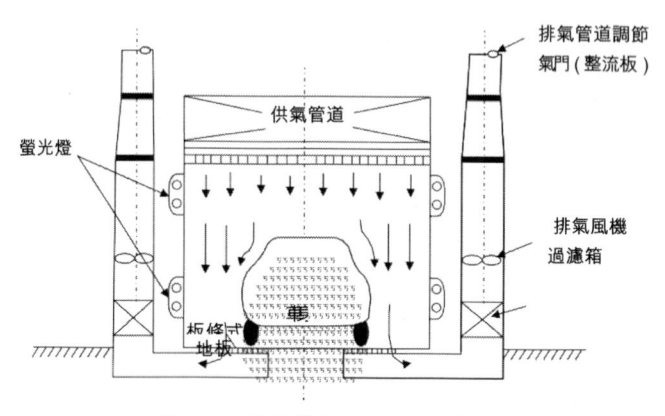

圖1-2-26 烤漆房內氣流、照明佈置

6. 烤漆房內的照明

汽車修補噴塗時需要在烤漆房側壁設置照明裝置。一般噴塗間內的照明度在700～900 lx 為宜。

7. 正氣壓的保持

為了避免含有灰塵的室外空氣進入烤漆房內，需要保持烤漆房內的正氣壓。簡單的做法是在噴塗間的出、入口掛上線頭或者紙條（輕物），根據其飄動情況來確認壓力。如圖1-2-27 所示。

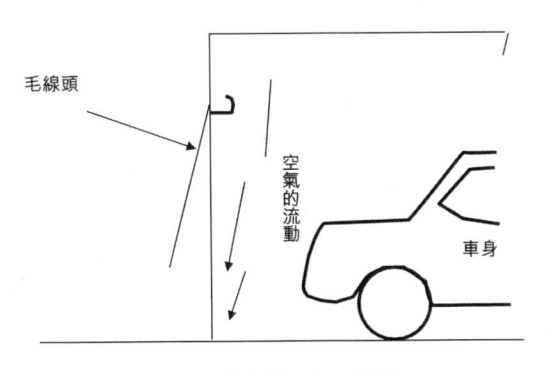

圖1-2-27 烤漆房內的正氣壓

(三)烤漆房的使用、維護與保養

烤漆房在使用時必須按照廠家的說明，嚴格執行使用、維護與保養規程，否則會存在安全風險、技術性能下降的問題。

1. 烤漆房日常使用的要點

(1) 烤漆房日常管理要求。

專人使用、專人管理，嚴禁他人開啟、入內；制定並嚴格遵守烤漆房的操作規程；嚴禁吸煙等；每日清理烤漆房1次，清除雜物，保持乾淨；每日檢查烤漆房電氣櫃線路和儀器、氣管管路及油水分離器等。

(2) 烤漆房使用前的注意事項。

進入烤漆房噴塗作業時必須穿戴噴塗防護用品；開啟前必須檢查燃料是否需要添加，檢查進風、排風裝置及環境，主要檢查頂棉、底棉和進風棉的情況。車輛進入前的檢查：確認車輛油箱的存量不能過滿，否則易受熱膨脹發生危險；確認車輛已完成清潔、打磨、拋光、貼護作業，保證烤漆房的清潔環境。車輛進入後的檢查：調整車輛位置便於操作，須拉緊手剎、關閉點火開關、拆下電瓶負極線。

(3) 烤漆房使用時的注意事項。

①正確啟動、檢查烤漆房。先打開主控制台的總電源開關，然後依次打開照明燈開關並檢查照明燈亮度，打開鼓風機開關啟動鼓風機，檢查烤漆房內的風壓、風量和密封性；如啟動柴油烤漆房點火不成功，不可重複超過3次，應及時聯繫廠家維修，以避免噴出較多燃油發生爆燃的危險。

②噴塗作業時，將調節開關轉到噴塗擋，並調整溫度至大約25 ℃。不能調整為烤漆擋進行噴塗，因為烤漆擋下房內空氣是內迴圈，會污染頂棉即房壁，還會形成安全隱患；噴塗作業時應將烤漆房門關閉；噴塗完成後應按廠家要求進行靜置閃乾，並在烘烤前清除乾淨烤漆房內的塗料、稀釋劑等易燃物品。

③烘烤作業時，將調節開關轉到烤漆擋，調整烘烤溫度使工件表面大約為60 ℃。由於升溫需要時間，一般柴油烤漆房時間設置為45 min，紅外線烤漆房時間設置為20 min。

④烘烤完成後，烤漆房會自動停止運行。將所有開關關閉、重定，移出車輛，填寫運行記錄表。

⑤噴塗、烘烤過程如出現故障燈亮，須立即按下緊急停止按鈕，查找並排除故障後方可重新開機。

2. 烤漆房定期維護的要點

所有的日常維護和定期維護必須切斷主電源開關，每次維護、維修應填寫維修記錄表。具體的定期維護需按廠家說明執行。烤漆房定期維護的規範見表1-2-7。

表1-2-7 烤漆房定期維護規範

維護內容	維護方式	維護週期
進風口過濾棉	更換	60～80 h
頂棉	更換	400～450 h
底部過濾棉	更換	80～100 h
排風過濾棉	更換	80～100 h
鼓風機軸承座、底座螺栓連接	檢查	1 季度
牆面、燈上汙物、漆塵	清理	1 月
柴油機濾芯	更換	8～12 月
柴油機高壓油泵過濾網	更換	6 月
通風管道	清潔	1 年
烤漆房爐堂	檢查	按廠家要求而定

四、乾燥設備

汽車塗裝修補作業中的底漆、中塗底漆、面漆及原子灰常需要乾燥處理，以加快溶劑的揮發和漆膜的固化，乾燥分為常溫乾燥和加熱乾燥，為了縮短乾燥時間多在實際生產中採用加熱乾燥方式。加熱乾燥有縮短時間、提升塗膜性能的優點，其熱傳遞方法有傳導、對流、輻射三種，用於塗膜乾燥多採用對流和輻射方式，熱風和紅外線經常被使用。

對於烤漆房的加熱乾燥前面已有介紹，下面只對使用廣泛的紅外線烤燈設備進行介紹。

(一)紅外線烤燈的原理

1. 紅外線

英國科學家赫歇爾於1800 年發現，在太陽光線中可見光部分紅光外的不可見光光線，具有明顯的加熱效應。在太陽光譜中，位於紅光的外側(可見光)與雷達波之間，波長範圍760 nm～1 mm之間的不可見光線即是紅外線。其分類為波長在760 nm～5.6 μm 之間稱為近紅外線，5.6 μm～1 mm 之間稱為遠紅外線；也可分為短波紅外線(波長為760 nm～3 μm)、中波紅外線(波長為3～40 μm)、長波紅外線(波長為40 μm～1 mm)三種。

2. 紅外線乾燥原理

輻射乾燥是將熱能以電磁波的方式，直接輻射在被加熱的物體上，利用輻射熱使物體受熱乾燥。與對流方式相比，輻射乾燥具有加熱速度快，熱損失小的特點。表1-2-8 是不同紅外線的乾燥特點。

表1-2-8 不同紅外線的乾燥特點

類型	波長	加熱器溫度	性質
短波	760 nm～3 μm	2000～2200 ℃	穿透力強，能加熱到塗層的底層，反射大
中波	3～40 μm	800～900 ℃	長波與短波的中間性質
長波	40 μm～1 mm	400～800 ℃	穿透力弱，但塗膜被吸收後很少反射

紅外線輻射加熱屬於輻射乾燥方式中的一種，而運用最多的是短波紅外線。短波紅外線輻射乾燥具有的特點是：輻射可穿透漆膜到達金屬表面再反射出來，形成由漆膜的底材金屬層、塗層的底層先吸收熱量升溫，再逐漸由內部到塗層的表層的乾燥。這樣由裡向外的乾燥特點，使塗層中的溶劑也由內向外揮發，熱能損耗小，乾燥快，不會出現溶劑泡、失光等現象，塗膜品質高。紅外線烤燈正是利用紅外線輻射加熱的原理製成的。

(二)紅外線烤燈的使用

1. 紅外線烤燈的特點

紅外線烤燈又稱為紅外線輻射加熱器，一般由金屬板、燈管、碳化矽板、陶瓷等組成。短波紅外線烤燈採用石英鹵素短波紅外線燈管，可產生3 μm 以下的紅外線波長，燈管使用壽命可達6000 h 以上。為了滿足維修作業的移動性、可變性需要，一般使用移動性的紅外線烤燈，多用於原子灰、底漆、面漆的乾燥。移動式紅外線烤燈實物舉例如圖1-2-28 所示。

移動式紅外線烤燈具有的特點：

(1) 獨立開關控制；

(2) 發射管可做多方向和角度旋轉；

(3) 支架可調整；

(4) 可預設和自動控制加熱過程；

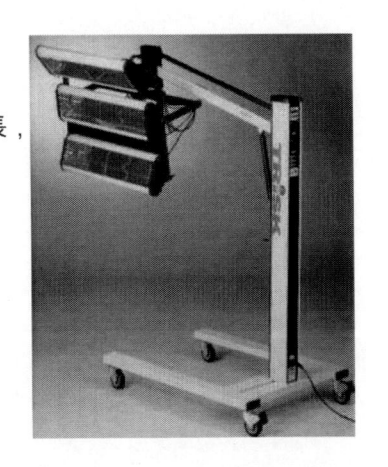

圖1-2-28 移動式紅外線烤燈

(5) 可烘烤車身的不同部位；

(6) 多具有雙電子計時器；多具有半功率(脈衝烘烤)、全功率烘烤模式，分別用於閃乾階段和烘烤階段。

2. 紅外線烤燈的操作方法

(1) 烘烤距離。一方面紅外線烤燈烘烤時工件表面升溫較快，一般 2～3 min 可升到 60 ℃；另一方面，紅外線輻射源與被加熱物體間距離每增加1 倍，達到物體的紅外線輻射能量便變為原來的1/4。因此，應按照具體紅外線烤燈型號合理選擇烘烤距離。否則，烘 烤距離過小，會造成過度烘烤形成起泡等現象；烘烤距離過大，會造成烘烤速度過慢。一般烘烤距離為70～80 cm。

(2) 用電安全。由專業人員操作使用；使用前應檢查開關、線路是否可靠；電源接線必須使用橫截面積在6 mm² 以上的，防止過熱引發事故；使用前應先移動和調整好烤燈位置，再插上電源插座，然後打開控制開關；使用後應先關閉控制開關，在斷開電源插座後移動和調整烤燈位置。

(3) 位置調整。啟動烤燈前必須調整好燈面與待烤工件區域的位置，二者間要求平行，應保證完全覆蓋待烤工件區域，應保證烤燈、支架的穩定。

(4) 正確預設時間和模式自動控制。尤其要注意不同色漆類型的烘烤特點，如深色漆較淺色漆升溫快；銀粉漆會因銀粉的反射影響，形成銀粉越多，升溫越慢。

(5) 保護燈管。移動時避免抖動、磕碰燈管和介面。

(6) 防止異物的烘烤。勿將皮膚暴露在燈管下；遠離易燃易爆物；勿將帶有雜物的工件進行烘烤。

(7) 控制塑膠件的烘烤。由於塑膠件在高溫下易變形、軟化、熔融，所以在對塑膠件烘烤時必須嚴格控制，對車體附近有塑膠件的烘烤時可用鋁箔保護。

五、乾磨設備與材料

塗裝打磨方式分為水磨、乾磨兩種。二者使用的設備、材料以及打磨工藝有差異。

(一)水磨和乾磨的差異

1. 水磨的特點

水磨的優點：水磨是傳統的打磨方式，應用廣泛。打磨時易於利用手感判斷平整度、光滑度，打磨效果好，不會產生灰塵。

水磨的缺點主要在於：

(1) 打磨強度大，工作效率低。採用手工操作，打磨強度大，工序比較複雜。因此，造成水磨費工費時，成本增加。

(2) 工作條件差，影響健康。採用手工水磨，長期接觸污水，尤其在低溫條件下對人身體健康影響很大，也存在對環境水污染的問題。

(3) 容易造成隱患，影響修補品質。採用手工水磨，容易對裸金屬形成銹蝕；也會使原子灰吸水滲透，造成起泡、銹蝕等缺陷。

2. 乾磨的特點

由於傳統水磨存在一系列問題，採用乾磨工藝已是發展的必然。

乾磨的優點：由於採用機械打磨，打磨強度降低，工作效率高，打磨速度至少是手工打磨的2倍；有利於環境保護和人員健康；降低了起泡、銹蝕等缺陷存在的可能，可提高修補品質。乾磨的缺點：主要是在打磨中形成粉塵，影響人員健康和環境。但目前多採用無塵乾磨系統，可將90%以上粉塵吸進粉塵袋裡，同時做好防塵防護，可以完全避免粉塵的影響。

(二)乾磨設備

乾磨設備是在打磨系統的基礎上，配有打磨機、打磨墊和打磨手刨等。

1. 打磨系統

打磨機和打磨手刨產生的粉塵需要吸塵系統來除塵，起著吸灰功能的系統稱為打磨系統。打磨系統可分為移動式、懸臂式、中央集塵式三種類型。如圖1-2-29所示為移動式打磨系統舉例。

圖1-2-29 移動式打磨系統

2. 打磨機

打磨機簡稱磨頭，按動力的不同分為氣動、電動兩種；按形狀的不同，分為圓形、方形兩種；按運動模式的不同，分為單動作、雙動作兩種。維修企業多採用氣動的圓形雙動作或單動作打磨機。打磨機實物舉例如圖1-2-30所示。

(a)　　　　　　(b)　　　　　　(c)

圖1-2-30 打磨機

(1) 圓形打磨機。

圓形打磨機分為圓形雙動作和圓形單動作打磨機。

圓形雙動作打磨機：由於其旋轉軸是偏心的，打磨盤存在雙重圓周運動，因此表現出的研磨效果比單動作打磨機要好。

不同大小的偏心距適合不同的打磨作業，一般偏心距越大就越適合粗磨。圓形打磨機的參數見表1-2-9。

表1-2-9 圓形打磨機參數

序號	偏心距（mm）	適合的打磨作業
1	9~12	除鏽、除舊漆層
2	7~9	除舊漆層、打磨羽狀邊、粗磨原子灰
3	4~6	細磨原子灰、原子灰周圍區域打磨、中塗底漆前電泳底漆和舊塗層打磨
4	3~6	噴塗面漆前的中塗底漆、舊塗層打磨
5	1.5~3	拋光前打磨

圓形單動作打磨機：打磨盤做單向圓周運動，使其中心和邊緣存在轉速的差異，造成研磨不均勻，還會留下圓形的砂紙痕跡，打磨時不能完全平放在打磨面上，而應輕微傾斜。

由於圓形單動作打磨機切削力強，主要適合除鏽、除漆，在鈑金上應用更多。

(2) 方形打磨機。

方形打磨機分為軌道式打磨機和直線往復式打磨機。軌道式打磨機的運動方式為沿橢圓軌跡往復運動，研磨力和切削力比較均勻，不容易形成打磨缺陷，多用於大面積的平面部位的如原子灰打磨；直線往復式打磨機的運動方式是簡單的前後運動，靠來回直線運動研磨工件表面，打磨痕跡粗於軌道式打磨機。方形打磨機的規格一般有70 mm×198 mm（或400 mm）、115 mm×208 mm，軌道式打磨機的偏心距有3 mm、4 mm、4.8 mm和5 mm。

3. 打磨墊和中間軟墊

(1) 打磨墊。在打磨機上用來粘連砂紙的託盤稱為打磨墊，多為尼龍扣搭式，砂紙粘貼牢固，裝卸方便。打磨墊實物舉例如圖1-2-31 所示。

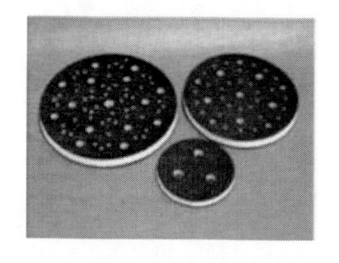

圖 1-2-31 打磨墊　　　　圖 1-2-32 中間軟墊

(2) 中間軟墊。在打磨墊和砂紙之間可粘貼更軟的中間軟墊，可降低對工件的打磨程度，主要用於面漆前的打磨，尤其是面漆前打磨弧度、線條。同時，還具有保護打磨機及打磨墊的作用，延長使用壽命。中間軟墊實物舉例如圖1-2-32所示。

4. 手刨(打磨墊板)

一般水磨用的墊板稱為打磨墊板；而乾磨用的帶有吸塵系統和可粘貼砂紙的墊板叫手刨。

(1) 水磨用的打磨墊板，分為硬橡膠墊和海綿墊。海綿墊較軟，不容易對漆面造成損傷，適合面漆後拋光前配合細水砂紙打磨髒點、"橘皮"等。

(2) 乾磨用的手刨。由於車身板件形狀比較複雜，多有不同的弧形和線條，再加上邊角部位，在乾磨原子灰的這些部位、區域完全採用機磨方式恢復形狀是十分困難的，大多需要用手刨進行手工打

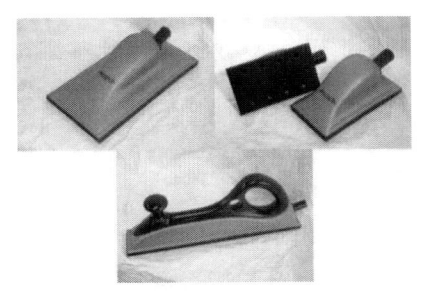

圖1-2-33 手刨

磨。另外，手刨還可用於面漆前中塗底漆的粗打磨，如中塗底漆的流刮處理、修補區域的粗打磨等。手刨的規格一般為寬度70 mm，長度有125 mm、198 mm、420 mm 等，具體以工件的大小和形狀不同來選用。實物舉例如圖1-2-33 所示。

(三)打磨材料

1. 砂紙

打磨工具在使用時都必須選用合適型號的砂紙作為打磨材料。砂紙是通過黏結劑把磨料黏結在基材紙上製成。

(1) 磨料。

砂紙的磨料起打磨切削作用，常用的類型分為氧化鋁和碳化矽(金剛砂)。氧化鋁磨料硬度高、耐久性好、使用壽命長，多用於除鏽和除舊塗層、打磨原子灰和打磨舊塗層的砂紙上；碳化矽磨料呈黑色、銳利，多用於打磨舊塗層以及拋光前對新塗層的打磨砂紙上。

(2) 乾磨、水磨砂紙。

二者的區別在於：砂紙的基材紙和黏結劑的耐水性不同。水磨砂紙的基材紙和黏結劑的耐水性優於乾磨砂紙；砂紙磨料分佈的疏密程度不同。水磨砂紙磨料分佈緊密，乾磨砂紙分佈稀疏，磨料只佔砂紙表面的50%~70%。

注意：乾磨、水磨砂紙在使用中不能互換！乾磨砂紙用於水磨易出現磨料脫落；水磨砂紙用於乾磨易出現砂紙表面被粉塵堵塞。

(3) 砂紙型號。

不同塗裝作業選用不同粗細磨料的砂紙，砂紙的粗細用番號數字來表示。目前，世界上對砂紙的分級主要有歐洲標準、美國標準、日本標準，歐洲標準是汽車維修行業常用的，砂紙番號前加""P""表示，一般砂紙番號數字越大，表示砂紙越細。不同砂紙分級系統對照參見表 1-2-10。另外，歐洲標準FEPA 乾磨、水磨砂紙番號對照見表1-2-11。

表1-2-10 不同砂紙分級系統對照表

歐洲標準FEPA	美國標準ANSI	日本標準JIS
P60	60	＃60
P80	80	＃80
P120	120	＃120
P150	150	＃150
P180	180	
P220	220	＃180
P280	240	＃320
P360	280	
P400	320	＃360
P600	360	＃500
P800	400	＃600
P1000	500	＃800
P1200	600	＃1000

表1-2-11 歐洲標準FEPA 砂紙番號對照表

乾磨砂紙系列	水磨砂紙系列
P100	P180
P120	P220
P150	P240
P180	P280
P220	P320
P240	P360
P280	P400
P320	P500
P360	P600
P400	P800
P500	P1000

不同塗裝乾磨作業的工藝流程，需要正確選擇不同砂紙番號，可以表1-2-12 為參考。

表1-2-12 乾磨砂紙番號對應的工藝流程參考

砂紙番號	工藝流程
P60 ~ P80	除舊漆
P120	補土前打磨羽狀邊
P180	補土後打磨羽狀邊
P240	補土後打磨羽狀邊
P320	補土後打磨羽狀邊
P400	打磨中塗底漆（單工序）
P500	打磨中塗底漆（雙工序）

2. 菜瓜布

菜瓜布（或稱百潔布）是採用在三維纖維上黏結磨料顆粒製成，柔軟性好，打磨方便，適合特殊材料和外形複雜部位的打磨，如可用於塑膠件噴塗前的打磨，面漆前的打磨，駁口前漆面的打磨，尤其適合對邊角、複雜形狀處的打磨等。

(四)乾磨設備的使用

不同的乾磨設備其使用的方法也不同，須嚴格按照設備使用說明書進行正確使用與維護。下面以移動式打磨系統乾磨機使用為例，說明在使用中的注意要點。

1. 乾磨設備的使用與維護

(1) 檢查打磨系統的潤滑狀況。每天使用前須檢查、添加油霧器中的潤滑油。

(2) 檢查打磨機軸承是否缺油或損壞。

(3) 檢查氣管管路的連接是否牢靠，避免沾水和擠壓變形，保證供氣、吸塵功能正常。

(4) 檢查電線、接頭連接是否正常可靠。

(5) 定期清潔濾芯，半年或一年更換1次。

(6) 半年檢查1次電機電刷，電刷長度磨損到1.5 cm 時更換。

(7) 定期檢查和更換吸塵袋，灰塵量不可超過吸塵袋容量的4/5。

2. 打磨操作的注意事項

(1) 使用前需正確選擇擋位元開關，使用後及時關閉。

(2) 正確選擇、調整轉速。一般氣動乾磨機啟動前置於最高擋，啟動後根據需要再由高調到低；電動乾磨機啟動前置於最低擋，啟動後根據需要再由低調到高。

(3) 砂紙、打磨墊和中間軟墊安裝粘貼時，位置要對正，吸塵孔應對齊，保證吸塵效果。

注意：在安裝砂紙或中間軟墊前應使用打磨墊保護！

(4) 打磨前須先把打磨機靜置於工件表面再啟動，避免轉動的打磨機磨傷工件；打磨結束後須先使打磨機停止轉動後再放置，避免轉動的打磨機碰到其他物體或損傷打磨機。

(5) 打磨前檢查砂紙的磨損程度並及時更換，正確選用砂紙型號，保證打磨的效率。

(6) 打磨機使用中要輕拿輕放；打磨時應儘量依靠打磨機自重自然放平打磨，一般打磨機與工件表面的夾角不超過15°；不要過度下壓載荷和局部打磨，容易造成打磨機託盤損壞。

(7) 打磨作業時如有不正常震動、異響時，應停機檢查。

(8) 打磨結束後，應取下砂紙、中間軟墊，並用乾淨的壓縮空氣除去打磨機的灰塵，不可用溶劑清潔。

六、遮蔽材料

(一)遮蔽的作用

在噴塗作業前，為了防止噴塗產生的漆霧、虛漆飛濺到無須噴塗的工件表面、車體上面，需要對待噴工件的相鄰區域、部位進行遮蔽保護。

(二)遮蔽材料的分類及特點

1. 報紙

傳統遮蔽材料一般選用報紙，其具有使用成本低廉的優點，但也存在以下問題，目前越來越多的企業已不再選用。

(1) 報紙使用量大，浪費嚴重；手工貼護速度慢，耗力耗時。因此，使用效率不高。

(2) 報紙的油墨、纖維容易脫落形成漆面的髒點，增加後期拋光作業量。

(3) 油漆可透過報紙滲透到車體表面上，增加後期處理的工作量。

2. 遮蔽膠帶

遮蔽膠帶應具有耐 60~80 ℃的高溫烘烤，耐溶劑，不會在撕下膠帶後殘留餘膠的特點。通常由背面處理劑、背襯底材、底層塗料和黏結劑組成。見表1-2-13。

表1-2-13 遮蔽膠帶組成及功能

序號	組成	功能
1	背面處理劑	防止遮蔽膠帶自身黏結
2	背襯底材	多用紙質材料，具有一定韌性
3	底層塗料	保證黏結劑與背襯底材間附著力，防止黏結劑殘留在工件面
4	黏結劑	保證遮蔽膠帶牢固粘貼在工件面

依據不同的用途，遮蔽膠帶可以分為以下幾種：

(1) 普通紙質膠帶。一般用於正常情況下的貼護，使用最多。

(2) 紙質褶皺表面膠帶。用於彎角、曲面部位。

(3) 分色膠帶。其底材為聚氯乙烯，柔軟性好，非常適合雙色或多色噴塗，能使不同顏色分界邊緣清晰、整齊、無缺陷。另外，也適合貼護圓形邊界。

(4) 線條噴塗膠帶。能高效完成平行、平直線條貼護。

(5) 縫隙膠帶。由聚氨酯泡沫體中加入黏結劑而成，呈圓柱形，可用於工件之間縫隙的遮蔽。

(6) 密封條遮蔽膠帶。用於車窗密封條、裝飾條與車身板件交界處的貼護遮蔽。

3. 遮蔽紙、遮蔽膜

當前，汽車維修企業常使用的遮蔽材料是專用的遮蔽紙、遮蔽膜。

(1) 遮蔽紙的特點。

①能快速吸乾油漆，可避免油漆在遮蔽紙上的流掛產生；

②由於紙基緊密，可防止油漆滲透；

③已通過靜電處理，能有效防止灰塵吸附和纖維脫落，避免噴塗時產生髒點；

④由於紙基柔軟，易於粘貼任何不規則的表面；

⑤耐高溫、耐溶劑。

(2) 遮蔽膜的特點。

①由聚乙烯、聚丙烯製成薄膜，特別適合大面積遮蔽；

②能防止溶劑滲透，不會產生靜電吸附灰塵；

③耐60～80℃高溫；

④特別是能防止漆層脫落。

任務實施

活動一 噴槍的使用

一、作業準備

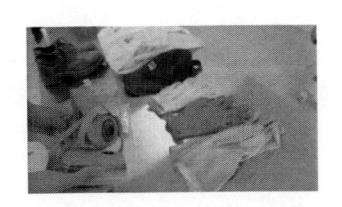

	1.防護用品的準備與檢查

2.噴槍、板件、塗料和試槍紙等工具、材料的準備

提示：板件必須徹底清潔除油。

二、操作步驟

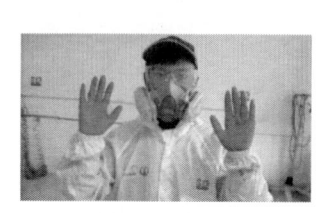

1.穿戴噴塗防護用品

（1）穿戴工作服、工作鞋、工作帽、防護眼鏡、尼龍手套和防毒面罩等。

提示：噴塗作業時應穿防靜電工作服。

（2）調整持槍姿勢。

	3.試槍檢查
	（1）調整噴槍出漆量。
	（2）調整噴槍噴幅。
	（3）調整噴槍氣壓。
	(4)試槍槍距為15～20 cm，在試槍紙上分別進行橫向、縱向的噴塗效果檢查。
	4.粘塵 (1)將粘塵布完全打開，然後反方向疊起。

	(2)把板件表面和邊緣處的塵粒粘除乾淨。
	5. 調整板件噴塗姿勢 (1)調整噴塗站立姿勢。
	(2)調整噴塗持槍姿勢。
	6. 調整始噴位置 提示：始噴位置應選擇在板件邊緣外10~20 cm。
	7. 調整噴塗距離
	8. 協調噴塗姿勢，始終保持噴槍與板件面間的距離、垂直關係和勻速平行移動

	9. 調整轉槍位置和姿勢
	10. 轉槍後始終保持固定的噴幅
	11. 調整終噴位置
	12. 板件內邊緣的噴塗
	13. 閃幹 檢查漆面亞光狀態或用手指沾試邊緣以外處。
	14. 結束工作（清潔、整理） (1) 清洗噴槍、噴壺等。 (2) 按照""5S"規範清潔、整理工位元和設備等，並佩戴正確的防護用品。

活動二 紅外線烤燈的使用

一、作業準備

	1. 紅外線烤燈、待烤板件等的準備 2. 檢查烘烤作業區域安全狀況，嚴禁易燃易爆物品

二、操作步驟

	1. 移動烤燈到烘烤位置，並固定位置
	2. 調整烤燈與板件的距離，一般為60～70 cm
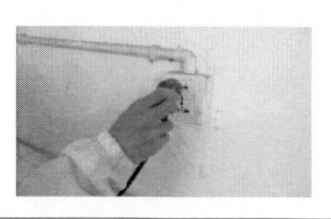	3. 連接烤燈電源
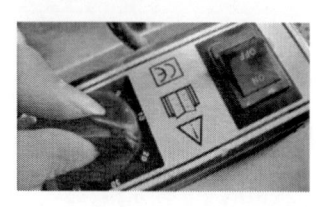	4. 設置烤燈烘烤模式、溫度和時間等

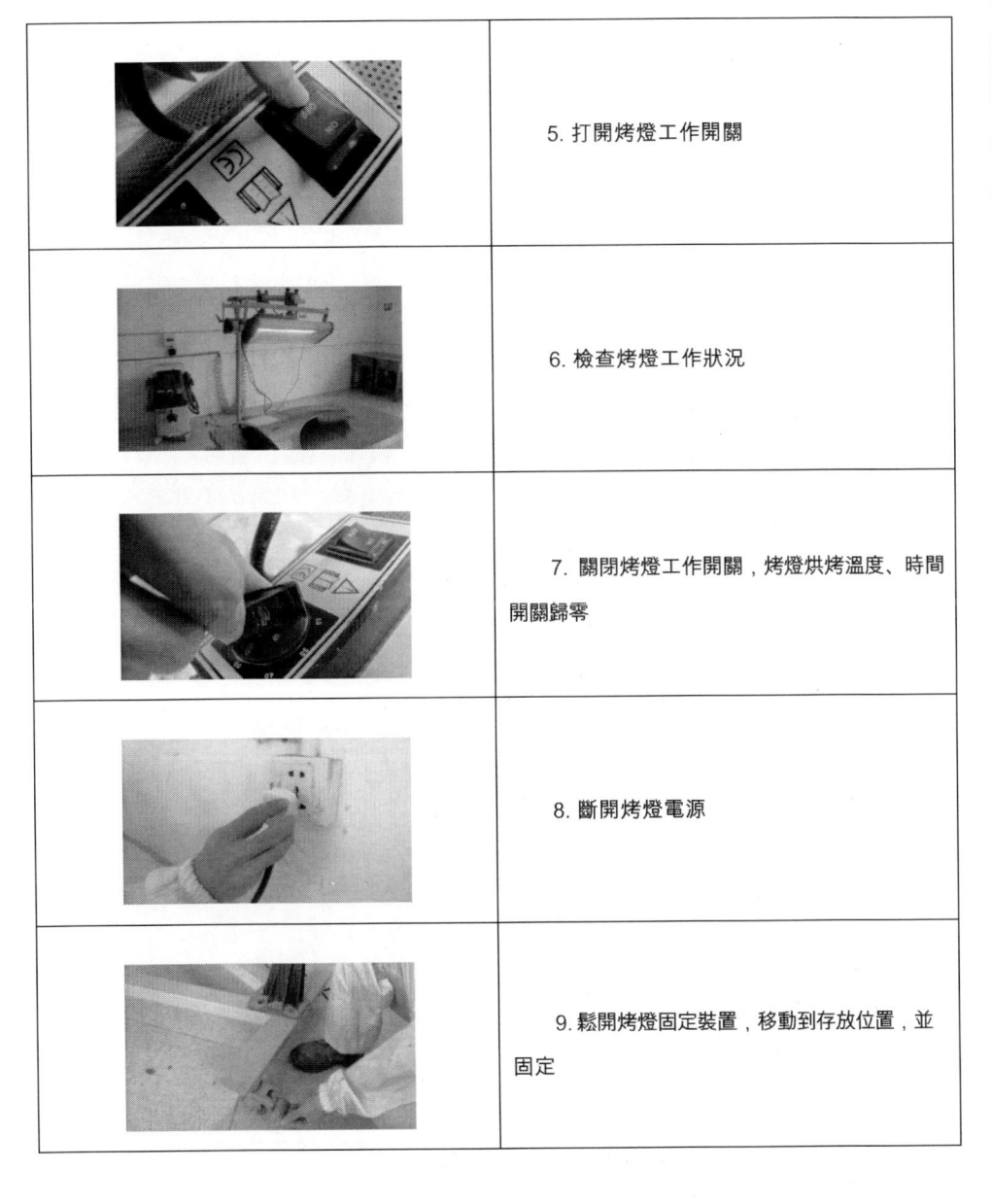

	5. 打開烤燈工作開關
	6. 檢查烤燈工作狀況
	7. 關閉烤燈工作開關，烤燈烘烤溫度、時間開關歸零
	8. 斷開烤燈電源
	9. 鬆開烤燈固定裝置，移動到存放位置，並固定

活動三 打磨機的使用

一、作業準備

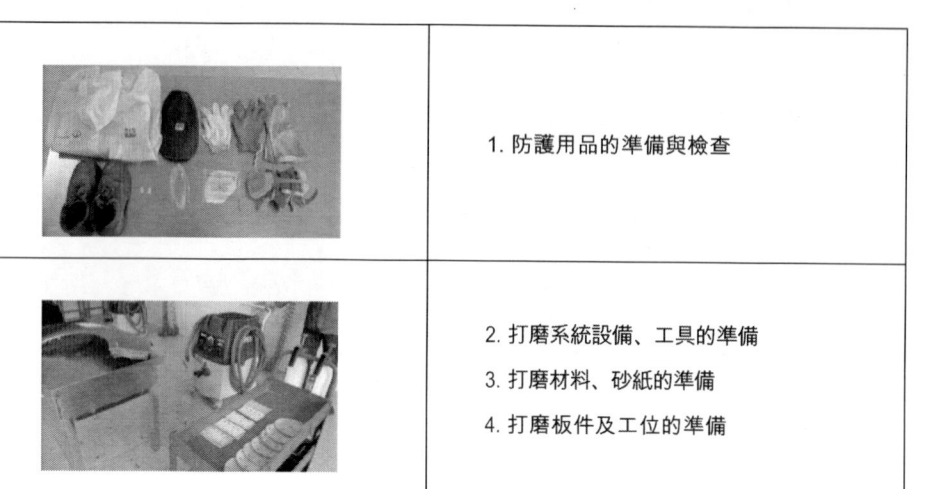

	1. 防護用品的準備與檢查
	2. 打磨系統設備、工具的準備 3. 打磨材料、砂紙的準備 4. 打磨板件及工位的準備

二、操作步驟

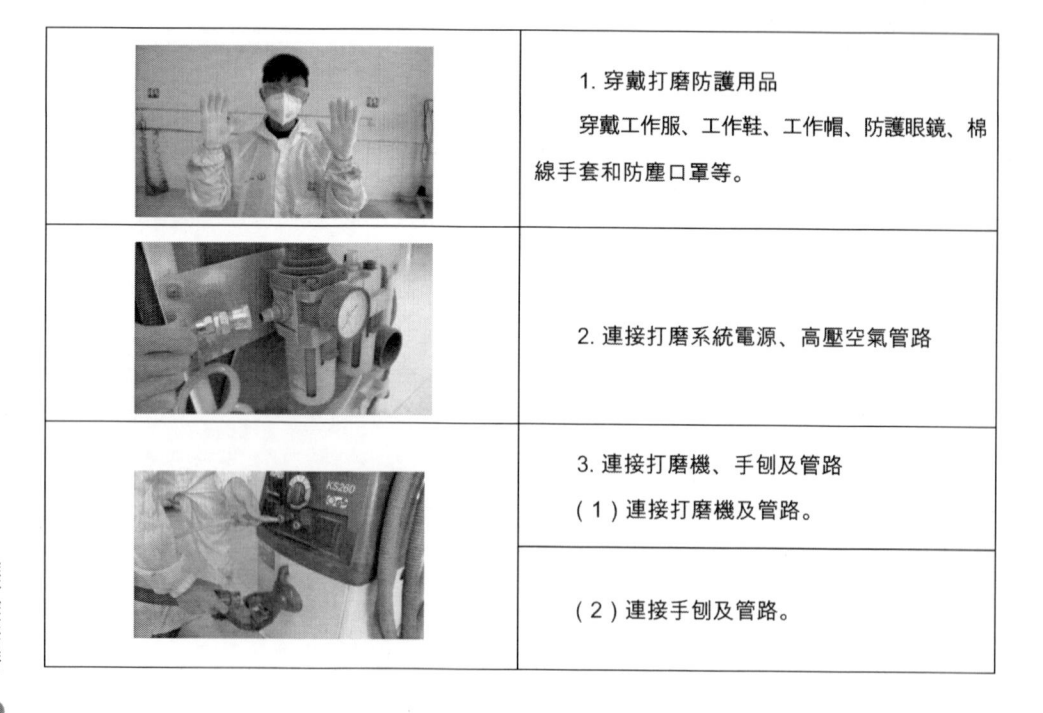

	1. 穿戴打磨防護用品 　穿戴工作服、工作鞋、工作帽、防護眼鏡、棉線手套和防塵口罩等。
	2. 連接打磨系統電源、高壓空氣管路
	3. 連接打磨機、手刨及管路 （1）連接打磨機及管路。
	（2）連接手刨及管路。

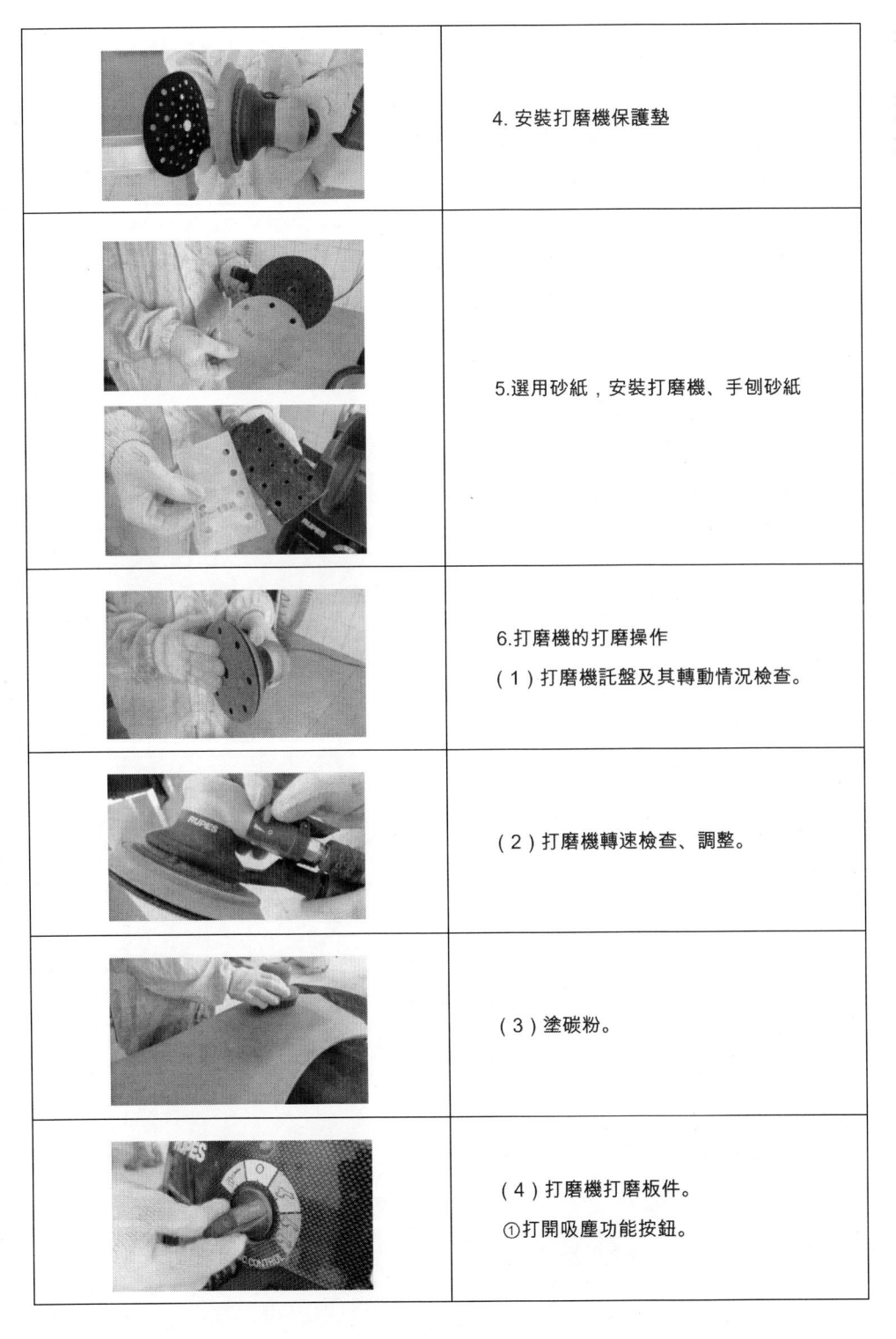

	4.安裝打磨機保護墊
	5.選用砂紙,安裝打磨機、手刨砂紙
	6.打磨機的打磨操作 (1)打磨機託盤及其轉動情況檢查。
	(2)打磨機轉速檢查、調整。
	(3)塗碳粉。
	(4)打磨機打磨板件。 ①打開吸塵功能按鈕。

	②打磨機平放在板件打磨面上（靜止狀態）。
	③打開打磨機工作按鈕，來回打磨板件。
	④打磨結束後，打磨機停止狀態下放回原處，關閉吸塵功能按鈕。
	（5）檢查打磨機打磨效果。 ①檢查碳粉分佈狀態。
	②用手檢查打磨面的平滑狀態、砂紙痕跡等。
	（6）打磨機裝軟墊打磨板件。
	7. 手刨打磨板件 （1）塗碳粉。
	（2）打開吸塵功能按鈕。

	(3) 手刨平放在板件打磨面上 (靜止狀態)。
	(4) 前後來回打磨板件。
	(5) 打磨結束後，手刨放回原處，關閉吸塵功能按鈕。
	(6) 檢查手刨打磨效果。 ①檢查碳粉分佈狀態。
	②用手檢查打磨面的平滑狀態、砂紙痕跡等。

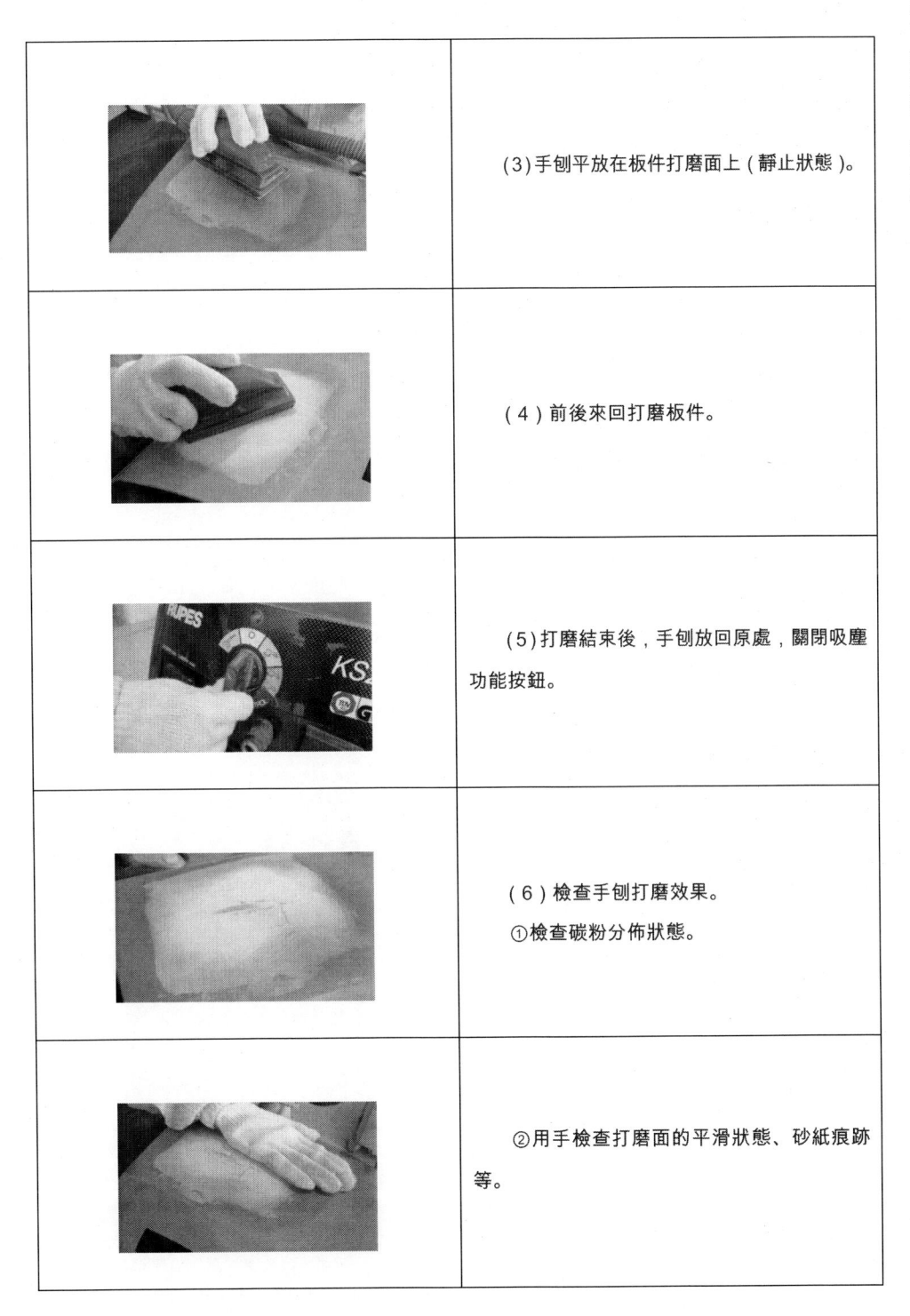

8. 結束工作

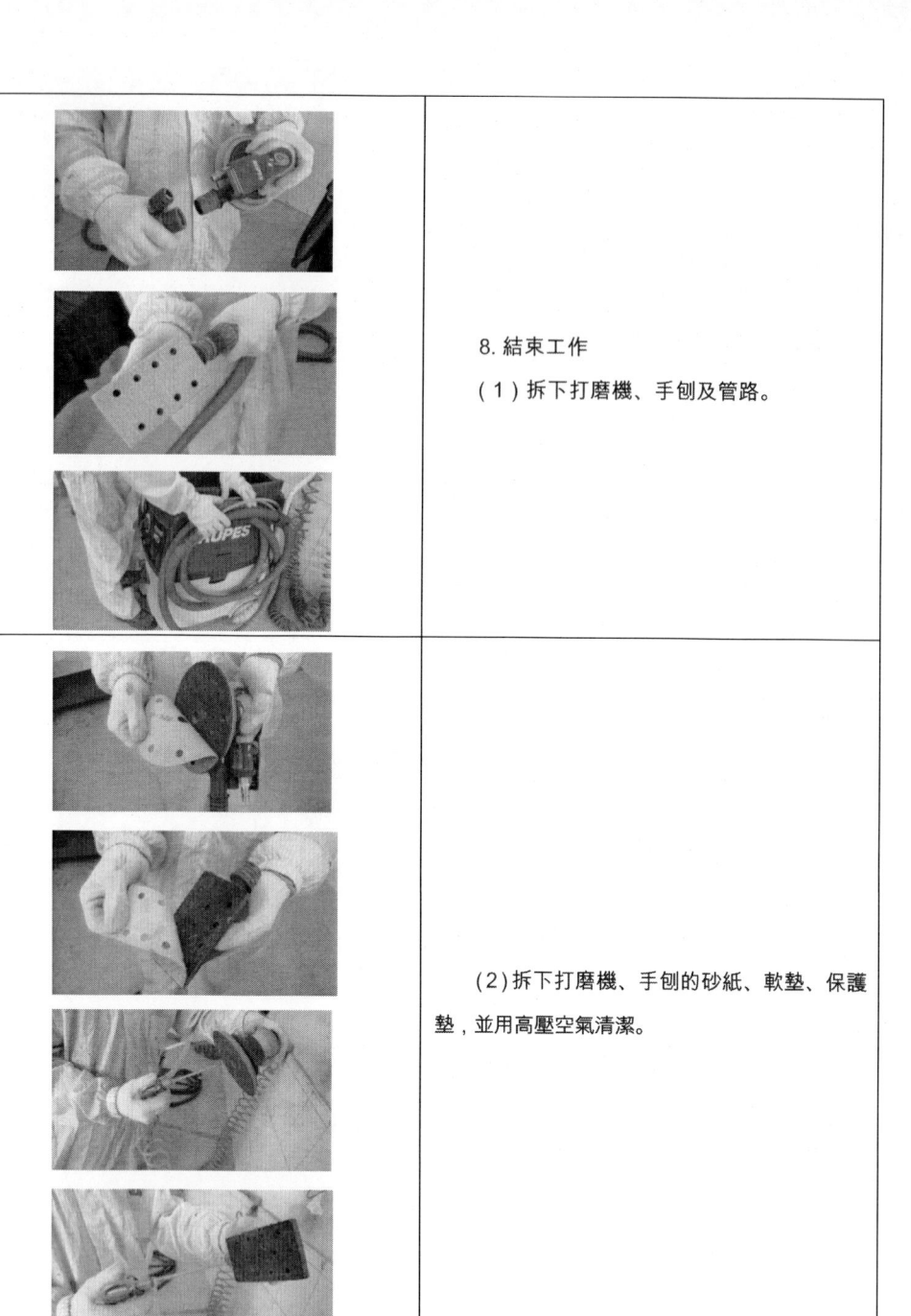

(1) 拆下打磨機、手刨及管路。

(2) 拆下打磨機、手刨的砂紙、軟墊、保護墊，並用高壓空氣清潔。

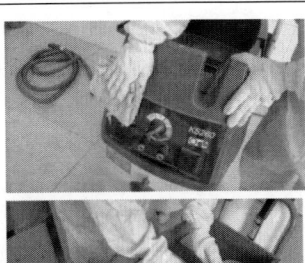

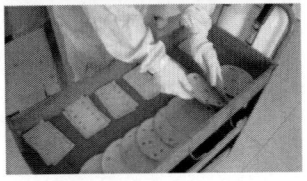

(3)整理、清潔工具車、工位。

任務檢測

一、選擇題

1. 打磨機的吸塵電動機電刷需要定期更換,更換的標準為長度磨損到(　　)。

　　A. 2.5 mm　　　　　　B. 1.5 cm　　　　　　C. 2.5 cm

2. 單動作打磨機因其切削力強,主要適合於以下(　　)操作。

　　A. 除鏽、除漆　　　　B. 打磨羽狀邊　　　　C. 打磨原子灰

3. 水磨打磨墊板中的海綿墊用於(　　)。

　　A. 打磨原子灰　　　　B. 打磨中塗底漆　　　C. 拋光前打磨

4. 損傷區域較小時,去除舊漆膜可以使用的乾磨砂紙型號是(　　)。

　　A. P120　　　　　　　B. P180　　　　　　　C. P80

5. 去除工件表面的鏽蝕,應使用(　　)。

　　A. 單動作打磨機　　　B. 偏心距3 mm的雙動作打磨機

　　C. 偏心距6 mm的雙動作打磨機

二、判斷題

1. 打磨時更換砂紙應遵循每次不能超過2級的原則。　　　　　　(　　)
2. 打磨羽狀邊可以不使用P180砂紙,以節約材料和提高效率。　　(　　)
3. 乾磨主要使用乾磨機打磨,難以機磨的位置使用手工乾磨。　　(　　)

任務評價

評價內容	過程性評價	終結性評價	持續發展性評價	評價人
知識評價				自評
				互評
				教師評價
				總評
技能評價				自評
				互評
				教師評價
				總評
情感評價				自評
				教師評價
				企業評價
				總評

班級：　　　　　　　　姓名：

任務拓展

水性底色漆施工設備

目前油漆品牌廠家推廣的的水性修補漆，都賦予了產品良好的適應性，在現有設備基礎上做適當改造，就可滿足水性漆的施工要求。

一、保證烤漆房的運行

烤漆房內風速需達到0.2～0.6 m/s，保證烤漆房的良好運行。

二、正確選用水性漆噴槍

選用帶氣壓錶的HVLP型水性噴槍（噴嘴口徑為：1.2～1.3 mm，如SATA WBS、DeVilbiss HVLP、Lwata HVLP），才能保證噴塗樣板與最終修補結果一致。特別注意使用溶劑清洗後的噴槍，務必要徹底清潔並用清潔乾燥空氣吹乾。使用操作時，噴塗純色漆方法為一個雙層（半乾層和半濕層），銀粉漆和混合珍珠漆噴塗方法為一個雙層和一道霧噴層。水性漆噴槍的設置按表1-2-14操作。

表1-2-14 水性漆噴槍的設置

噴槍品牌	特威		薩塔	
噴槍型號	DeVilbiss GTi Pro H1B - 13		SATA jet 4000 B HVLP WSB 1.25	
噴塗方法	雙層	單層霧噴	雙層	單層霧噴
出漆量	打開3圈	打開3圈	打開2圈	打開1圈
扇面	打開90%~100%	全部打開	打開3/4	全部打開
氣壓	120~150 kPa	100 kPa	130~150 kPa	110~120 kPa

三、正確使用吹風槍

由於溶劑型色漆噴塗採用自然乾燥法，如果使用外力乾燥如吹風會導致色漆排列不均勻而使顏色發花；而水性色漆在噴塗後可以用高壓氣流吹其表面，強制其乾燥，既能加快乾燥速度又不影響品質。吹風槍的耗風量須達到 200~300 L/min，可選用 SATA Dry jet-82222DeVilbiss DMG-501-K 等。使用時要注意：在每次操作前，都必須檢查濾網是否受到污染；如果吹風槍上沾有塗料，應使用稀釋劑和刷子清潔吹風槍外部；不要把吹風槍浸入稀釋劑或超聲波清潔設備中；在進行任何維護或清潔工作前，都必須斷開吹風槍與氣源間的連接。

四、正確使用免洗槍壺、泵式噴灑瓶、洗槍機

由於PPG 水性漆獨有的Microgel 微膠抗沉澱技術，色母不沉澱，無須攪拌，保質期長的特性，可用免洗槍壺存放在保溫櫃內再次使用，節約油漆成本；泵式噴灑瓶可裝水性清潔劑噴灑工件表面，進行水性除油，還可在烤漆房內快速清洗噴槍；洗槍機用於清洗噴槍及調漆用具，配合水性漆助絮凝劑和水性噴槍清潔劑使用，可實現迴圈使用而更環保。

任務三　汽車塗料認識

任務目標

目標類型	目標要求
知識目標	(1) 能描述車身塗裝的概念、分類及特點 (2) 能描述塗料的發展史 (3) 能描述塗料的組成和作用 (4) 能描述水性漆的特點
技能目標	(1) 能認知塗料的類型 (2) 能實施塗料的調配
情感目標	(1) 具有作業現場的""5S"習慣 (2) 養成個人防護安全、環保觀 (3) 養成作業品質、效率觀

任務描述

汽車修補塗裝需要不同成分的塗料組合，經過噴塗後形成對車身表面的膜狀物覆蓋，並達到防腐蝕保護、美觀和標識作用。因此，認識塗料的組成和成膜機理，以及如何正確選用塗料是塗裝從業人員的基本知識和技能。

任務準備

一、概述

(一)車身塗裝的概念和分類

車身塗裝是指對汽車車身表面、內部、底盤等部位使用塗料進行塗裝，以實現保護、美觀、標識作用。

車身塗裝一般分成兩大類，一類是汽車生產廠或汽車零部件生產廠的塗裝，其可根據車身、零部件是金屬件或塑膠件選擇使用高溫漆或者低溫漆；另一類是針對發生事故或者車身漆面受損汽車的車身修補塗裝，在汽車維修企業一般使用低溫修補漆進行塗裝。

(二)車身修補塗裝

汽車生產廠和零部件生產廠大多採用機器人噴塗，只有當漆膜表面有缺陷或受損時，才會人工修復。由於汽車維修企業所維修的事故車輛或受損車輛，其受損位置、受損程度千差萬別，修復使用的材料複雜，汽車車身顏色變化多樣。所以，汽車維修企業必須是由噴漆維修技師人工修復。對噴漆維修技師的技術要求更高於生產企業中的塗裝技師及修補技師。在維修修復車身漆面時，雖然會採用打磨機、噴槍、拋光機這些工具，但是這些工具都完全要靠人手工操作，所以修補漆塗裝技術是一種技術含量很高、社會認可度很高的技術，這也是噴漆技師在全世界都是一個較為緊缺、收入較高的職業的原因。

二、汽車塗料的發展史

當前，汽車工業採用了大量金屬材料，由於塗料能夠廣泛地應用於不同材質的物體表面，並能適應不同的性能要求，因此塗裝成了普遍應用的重要防銹蝕措施。塗料就是可以通過浸塗、刷塗、噴塗等不同的施工工藝塗覆在物件表面，形成具有保護、裝飾或者特殊功能的固態薄膜的材料。作為車身塗裝修補從業人員，必須瞭解塗料的分類、性能、操作工藝、成膜原理等方面的知識，才能確保汽車塗裝修補品質。

人類生產和使用塗料已有悠久的歷史，早在西元前兩三千年我國古代勞動人民就已經學會從天然的漆樹上採集生漆液用於保護日用品。正因為早期塗料大多以植物油和天然樹脂為主要原料，故被叫作油漆。現在仍然用漆給具體的塗料命名，如底漆、色漆、清漆等。

汽車塗料發展初期，人們把一些天然物質如松油、亞麻仁油、炭黑等配成油漆刷塗到車身上，刷塗一部車大約需要一個月時間，嚴重限制了汽車的批量生產。1924年，隨著硝基漆的發明，油制塗料被取代。由於硝基漆使用簡單、乾燥快，能使塗裝週期大大縮短，汽車工業化的塗裝瓶頸得到解決，所以迅速得到廣泛使用。第二次世界大戰後，醇酸合成樹脂的汽車塗料也開始被廣泛使用，這種塗料覆蓋性良好，具有良好的光澤，而且耐候性能也比之前的塗料好。20世紀60年代，汽車原廠漆領域發明了電泳底漆、氨基高溫烤漆、聚氨酯高溫烤漆等，塗膜亮度、硬度以及耐候性得到進一步提升。單組分的丙烯酸風乾漆也開始應用於修補漆市場，由於其乾燥快、使用簡單、光澤和耐候性能都比硝基漆好，所以受到噴漆技師的歡迎。20世紀70年代是汽車修補漆發展得到重大突破的年代，雙組分的聚氨酯丙烯酸汽車修補漆被研發出來，由於其光澤、耐候性和整體品質可以跟原廠汽車生產用塗料相媲美，故成為至今汽車維修噴漆的主要塗料。

從20世紀70年代開始，汽車顏色也越來越豐富，金屬漆和珍珠漆逐漸被應用在汽車上，滿足了人類日漸豐富的個性化需求；到了20世紀80年代，隨著各國對環保的日益重視，低碳環保的高固體成分塗料開始得到了汽車廠商的充分應用，塗料的研發更以環保為核心和方向；1986年，水性汽車漆被發明，並在汽車製造廠首先投入使用，1992年開始在汽車修補漆市場投入使用。

近年來，耐擦傷清漆和亞光清漆在汽車上廣泛應用。由於汽車表面清漆容易受到沙礫的劃傷，以及一些不恰當的洗車方法、自動洗車房所使用的毛刷等都有可能劃傷清漆表面，從而導致清漆表面亮度、豐滿度降低。所以，從20世紀末期開始，一些汽車製造廠開始使用耐擦傷清漆，並同時在售後修補市場也配套使用耐擦傷修補清漆，如梅賽德斯賓士、英菲尼迪、雷克薩斯、豐田等。其中，梅賽德斯賓士所使用的納米陶瓷清漆比較特殊，這種清漆於1999年開始在梅賽德斯賓士生產的車輛上應用，經過逐步擴展，目前大部分梅賽德斯賓士轎車都使用了這種耐擦傷清漆。納米陶瓷清漆的特殊之處是採用了納米技術將硬度很高的無機物二氧化矽顆粒等材料交聯於塗膜上，從而提供了普通清漆無法提供的硬度和耐刮擦性能。在清漆中加入的二氧化矽納米顆粒會在反應過程中浮至表面，乾燥後的納米陶瓷清漆漆膜由上、下兩部分組成，上層部分約佔10％的表層是二氧化矽納米顆粒形成的無機層，硬度很高，這部分漆面的抗刮擦能力隨著時間的推移基本保持不變，所以漆面能夠長期保持高硬度、高光澤。而普通清漆的整個漆膜都是有機化合物，清漆層整體保持相同的硬度，隨著時間的推移，其表面抗機械影響的能力會逐步降低。

亞光清漆也是近年來高端汽車品牌開始使用的一種特殊效果清漆，和以前噴塗在部分車身位置，採用罩光清漆添加亞光劑降低光澤至半亞光或者亞光不同，亞光清漆屬於完全亞光的清漆，漆面表現更為亞光，更為高檔，故目前蘭博基尼、梅賽德斯賓士、寶馬等生產廠都採用全車噴塗亞光清漆噴塗部分車型，並得到消費者的青睞。塗料廠商同時也生產亞光汽車修補漆供此類車輛修補時使用。

以上所介紹的顏色漆水性化，顏料技術的不斷革新，以及噴塗科技的不斷多樣化，都給車色個性化的實現創造了廣闊的空間。從顏色效果上分，車色通常可以分成素色、銀粉、珍珠等三大類，而構成其顏色效果的核心——顏料、鋁粉、雲母等材料的生產工藝和應用方法在近幾十年來有了很大進步。通過對顆粒大小、形狀、排列方式、組合應用等多方面的調整，現在的車色中素色變得更為鮮豔純淨、金屬色變得更為閃亮耀眼；而其他特殊顏色效果更有變化，以前主要在正側面顏色明顯變化的變色龍效果，目前逐步細分出了多種特殊炫彩效果的顏色，如變色龍幻彩效果，果糖亮彩效果，水晶珍珠效果，激閃炫彩效果，星亮焰彩效果等，為汽車市場注入時尚、個性，為愛車人士所喜愛。對個性化車色的追求還催生了一種特殊的職業——個性化噴繪技師，引領了個性化車色的潮流。

三、塗料的組成

塗料的組成按其所用原料的性能、形態可分為樹脂、顏料、溶劑及助劑等。

(一)樹脂和成膜方式

樹脂是塗料的主要成膜物質，是塗料的最基本組成部分。也稱為基料、漆料或漆基。塗料中沒有樹脂，就不能形成具備牢固附著力的塗膜。塗料的許多特性主要取決於樹脂的性能。塗料按照樹脂的成膜方式可分為溶劑揮發型、氧化聚合型、烘烤聚合型和雙組分聚合型。

1.溶劑揮發型

塗料在常溫下靠溶劑揮發乾燥成膜。在乾燥過程中，成膜物質的分子結構不產生化學變化。屬於這種成膜方式的有乙基纖維素塗料、硝化纖維素塗料、過氯乙烯樹脂塗料、熱塑性丙烯酸樹脂塗料等。溶劑揮發型塗料的優點是自然乾燥速度快，但附著力、面漆亮度、耐候性等各方面性能都不如雙組分聚合型，故近年來逐步被雙組分聚合型修補漆代替，目前只有少數此種類型的填眼灰和中塗底漆仍在使用。

2. 氧化聚合型

這類塗料的乾燥可在常溫下進行。乾燥過程大致分為兩個階段：第一階段，溶劑從液態的塗膜中揮發出來；第二階段，通過和空氣中的氧氣進行氧化和聚合反應，形成塗膜。酯膠漆、酚醛塗料、醇酸塗料等都是氧化聚合型塗料，優點是亮度較溶劑揮發型塗料好，但是乾燥速度慢，重塗時易出現""咬底"等問題，故近年來已基本不在轎車維修中使用。

3. 烘烤聚合型

汽車在製造時，是將金屬材料按照設計通過衝壓、焊裝工藝製作成車身，再對車身進行塗裝。所以在塗裝作業時，車身上都是金屬件，不會在高溫下受到破壞，為了滿足生產效率要求，汽車製造廠採用高溫烘烤型塗料進行塗裝作業，所用的塗料我們常稱為原廠漆，也稱為高溫漆。烘烤聚合型塗料即原廠高溫塗料，這種塗料必須在一定的溫度下烘烤，使成膜物質分子中的官能基發生交聯反應而固化，形成立體網狀結構，如熱固性氨基醇酸塗料、熱固型聚酯氨基塗料、熱固性丙烯酸塗料等。當然，每種塗料都有一定的烘烤溫度，不可隨意升高或降低，否則對塗膜的品質有影響。例如，熱固性氨基醇酸塗料在超過150 °C下長時間烘烤會使塗層變色發脆，耐候性降低。原廠在附著力、光澤度、硬度、耐候性等各方面都有一定的性能標準，雖然說不同原廠的性能標準不同，但原廠高溫塗料基本上都可以提供極佳的保護、美觀性能。

4. 雙組分聚合型

雙組分聚合型塗料是目前低溫修補漆最常用的類型，通常有使用異氰酸酯作為固化劑的丙烯酸聚氨酯塗料、使用胺加成物類固化劑和聚醯胺固化劑的環氧樹脂塗料、使用異氰酸酯作為固化劑的環氧樹脂塗料等。這種塗料的特點是配套提供塗料用固化劑，噴塗前將塗料和固化劑混合，則塗料中的樹脂會與固化劑發生交聯反應，固化而形成類似於原廠高溫漆的立體交聯結構，達到和原廠高溫漆相媲美的恢復原狀要求，故修理廠目前廣泛使用雙組分聚合型。這種塗料可以在常溫下乾燥，但乾燥所需時間較長，一般20 °C情況下需要12 ~ 16 h 才能乾燥，故我們一般採用60 ~ 80 °C低溫烘烤以加速其乾燥速度，使其交聯反應更充分，光澤、硬度、耐候性更有保證，之所以烘烤溫度不能超過80 °C，是因為汽車有很多塑膠件、電路、電腦系統，通常它們的耐溫都不能超過80 °C。

(二)顏料

顏料為細粉狀，或是天然礦物、金屬粉，或是化學合成的無機化合物、有機染料。將其摻在塗料中，能賦予塗料一定的遮蓋力和顏色，並能增加漆膜的厚度，提高漆膜的耐磨、耐熱、防銹等性能。

(三)溶劑

溶劑是塗料的揮發部分，是液態塗料製造和塗裝過程中不可缺少的組分之一，其作用是將塗料調整到施工所需的黏度以改善塗料的施工性能，並提高塗膜的物理性能，如展平性、光澤、緻密性等。溶劑包括真溶劑、助溶劑和稀釋劑，是按塗料所需要的溶解性能和揮發速度配製而成的混合物，在塗裝和成膜過程中會揮發掉，留下塗料中的不揮發成分（樹脂和顏料等）形成堅固的塗膜。

塗料施工時，樹脂成膜物質在溶劑揮發過程中從溶液中析出，在這一過程中，溶劑的作用是控制塗膜形成時的流動特性。在此期間，如果溶劑揮發太快，則濕膜的黏度增加得過快，沒有足夠的流平時間，流平性差，導致表面凹凸不平，產生＂＂橘皮＂、皺紋等缺陷，而且由於塗膜對底材沒有足夠的潤濕，因而不能產生很好的附著力。溶劑揮發太快，還有可能導致塗膜表面很快乾燥，塗膜內層溶劑難以揮發，從而出現溶劑泡、針孔等缺陷。反之，如果溶劑揮發得過慢，濕膜黏度增長得過於遲緩，雖然流平性較好，但垂直面的塗膜卻容易發生流掛。溶劑揮發過慢，也會影響到塗料中樹脂和固化劑的反應速度，如果溶劑的組成比例在揮發過程中發生了變化，剩餘溶劑對樹脂的溶解能力就發生了改變，有可能導致部分樹脂的析出，導致塗膜硬度不夠等一些缺陷，整體性能也會降低。因此，溶劑的揮發速率是影響塗層品質的重要因素，控制好溶劑揮發量就顯得尤為重要。

溶劑從濕膜中揮發出來是一個非常複雜的過程，受到許多因素的影響，如溫度、濕度、空氣的流動、成膜物與溶劑相互作用、濕塗膜中內部上下對流、內層向表層擴散速度等。

塗料中所含溶劑往往較少，在塗料施工前，需要添加稀釋劑以進一步稀釋塗料，調整塗料的黏度，使之符合施工要求。稀釋劑的正確選用對塗膜性能有一定影響。錯用稀釋劑可能由於稀釋劑的揮發速度過快或過慢導致出現上述的各種問題，嚴重時還會使塗料渾濁析出，導致報廢；稀釋劑用量過多會使色漆遮蓋力差、光澤低、流掛；稀釋劑用量過少則塗料會過稠，噴塗時塗膜流平性差＂＂橘皮＂重。因此，一定要正確使用稀釋劑，第一是使用塗料廠商配套的稀釋劑，第二是按照產品使用說明中的比例添加。

(四)固化劑

固化劑主要應用於雙組分塗料中，能與合成樹脂發生化學反應而使其乾結成膜，通常有胺類、異氰酸酯類及有機過氧化物等。

(五)添加劑(助劑)

為了滿足汽車工業對汽車塗料高品質、高標準的性能要求，在塗料工業中，添加劑已經成為塗料、特別是高檔塗料裡不可缺少的組成部分。塗料添加劑的作用是改進塗料的生產工藝，提高塗料的品質並賦予塗料特殊功能，改善塗料的施工性能，包括光澤、保光耐候性、遮蓋力、鮮映性和流動性等。依據添加劑對汽車塗料和塗膜的作用，添加劑可以分為以下幾種：對塗料生產過程發生作用的添加劑，如消泡劑、濕潤劑、分散劑和引發劑等；對塗料儲存過程中發生作用的添加劑，如防沉澱劑；對塗料施工成膜過程中發生作用的添加劑，如催乾劑、固化劑、流平劑、表面控制劑、靜電調節劑等；對塗膜性能產生影響的添加劑，如增塑劑、消光劑、防靜電劑、光穩定劑、抗劃傷劑等。

增塑劑是與成膜物質的高聚物(樹脂)混合以增加其彈性和附著力的添加劑。高聚物組成的塗料所形成的塗膜，由於其分子鏈段上的極性基團之間作用力，使鏈段很少有活動餘地，所以其塗膜柔韌性較差，在受力時易脆裂、收縮及剝落。為了克服塗膜的這些缺點，需要在塗料中加入適量的增塑劑。

有的增塑劑加入塗料後可以充塞於相鄰大分子鏈段之間以增大其間距，減弱其相互作用力，從而降低塗膜脆裂或折斷的趨勢；有的增塑劑利用其極性基團與高聚物的極性基團相互作用來相應地降低高聚物分子鏈段間的作用力。有的增塑劑同時具有上述兩種效應，而有的增塑劑僅有其中一種。由於高分子鏈段間作用力的降低，增加了柔韌性，使塗膜的耐衝擊強度、彎曲性能、延伸率、附著力、耐寒性等物理性能有所提高，但塗膜抗張強度、硬度、耐熱等性能則有所下降。

四、水性漆

在汽車修補漆領域使用水性漆也已經有二十幾年的歷史，目前國內全面、積極推廣水性底色漆的汽車廠商也有近20　家。由於汽車修補漆中，底色漆所產生的揮發性有機化合物（VOC）排放佔到所有汽車修補漆VOC排放的近50%，而且高固體含量的中塗底漆、清漆，其VOC含量已能滿足全球所有的限制VOC排放的環保法規，如果以單位面積所產生的VOC來衡量，使用水性底色漆配合高固體含量HS清漆，減少VOC排放可達75.6%。故全球汽車修補漆領域主要推廣和廣泛使用的是水性底色漆。

水性漆是以去離子水為主要溶劑、VOC含量較低的綠色環保塗料產品。突出的優點是對環境、人類健康的危害比較小，且不易燃，而傳統油性溶劑型油漆則以有機溶劑為主，易燃，含有較多的化學性揮發物質。

(一)汽車塗料中VOC的排放對環境的影響

汽車塗料中VOC的排放會對環境造成重要影響。首先，VOC進入大氣層後，能與大氣中的硫氧化物、氮氧化物、氨等工業廢氣、汽車尾氣排放物通過發生複雜化學反應而產生低於2.5 μm的可吸入肺部的顆粒物（一般稱為PM2.5）；其次，VOC是造成酸雨、光化學煙霧等環境問題的主要元兇；另外，在太陽光的照射下，VOC能與空氣中的氮氧化物反應生成臭氧（O_3），這些臭氧會存在於地球表面及其上方10 km處的對流層中，一旦超出一定的限量，就會導致人類發生嚴重的呼吸道疾病，損傷肺部功能。大家平常所熟悉的一些避免破壞臭氧層的環保措施，與此並無矛盾，因為我們要避免破壞的是距離地球表面40 km的臭氧層，它能夠過濾太陽光中波長240～320 nm的紫外線，對生物起到保護作用，所以針對汽車塗料，環境保護方面首要的工作就是減少汽車塗料VOC的排放。

(二)使用水性漆可有效和直接地降低VOC的排放

使用水性漆是汽車塗裝行業的發展趨勢，很多汽車生產廠已經全部使用水性電泳底漆、水性底色漆。由於高固體溶劑型中塗底漆和清漆VOC含量低，能滿足VOC排放要求，所以汽車生產廠一般使用高固體溶劑型中塗底漆、高固體溶劑型清漆。水性中塗底漆、水性清漆或粉末清漆也有少數汽車生產廠在使用，國內汽車生產線全部或部分使用水性漆的汽車廠商已近20家，普遍使用水性電泳底漆、水性底色漆和低VOC排放的溶劑型中塗底漆、清漆。

(三)水性漆在施工方面的特點

在施工性能方面，水性漆較溶劑型漆表現更好。水性漆產品自1986年發明以後，大的汽車塗料廠商的水性漆產品已經過不斷開發升級，目前已經完全克服了早期階段水性漆產品乾燥速度慢於溶劑型產品的缺點，以正確的工藝及方法使用水性漆，乾燥速度能夠遠快於溶劑型油漆，正常情況下水性底色漆的噴塗時間 (清漆之前的噴塗、閃乾總時間)為5～10　min，而同樣情況下溶劑型色漆層則需要10～20 min 才能完成噴塗、閃乾。水性漆在施工性能方面還具有以下優點：

1. 減少用量，提高效率

水性底色漆較傳統溶劑型底色漆平均能節省大約30%的用量，這樣一來就可以減少施工時間，提高生產效率，縮短噴漆維修週期，提高客戶滿意度。

2. 水性底色漆膜厚性能更好

水性底色漆較溶劑型底色漆薄，流平性更好，表面更光滑。配合以高品質清漆，表面效果更為清澈透亮、光澤更高。

3. 顏色穩定性好

水性底色漆顏色不易受不同的噴塗手法影響，不容易出現修補區域黑圈、發花等缺陷，駁口修補相對於溶劑型色漆更容易操作。

由於噴塗、修補操作更為簡單，效率又高，加上水性汽車修補漆在顏色、漆膜牢度和耐久度上也均能達到或超過溶劑型油漆的修補效果，所以水性汽車修補漆開始得到越來越多的應用。

任務實施

塗料的認識和調配 (以 2K 清漆為例)

一、作業準備

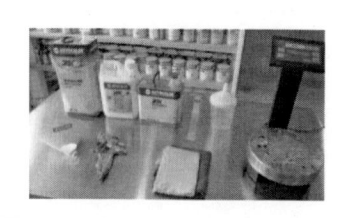

	準備工位和材料

二、操作步驟

	1. 清漆、稀釋劑、固化劑的認識
	2. 將調漆杯置於電子秤上，打開電源開關、歸零
	3. 添加適量清漆
	4. 電子秤歸零後，添加一定比例的固化劑
	5. 電子稱歸零後，添加一定比例的稀釋劑
	6. 使用調漆尺充分攪拌均勻

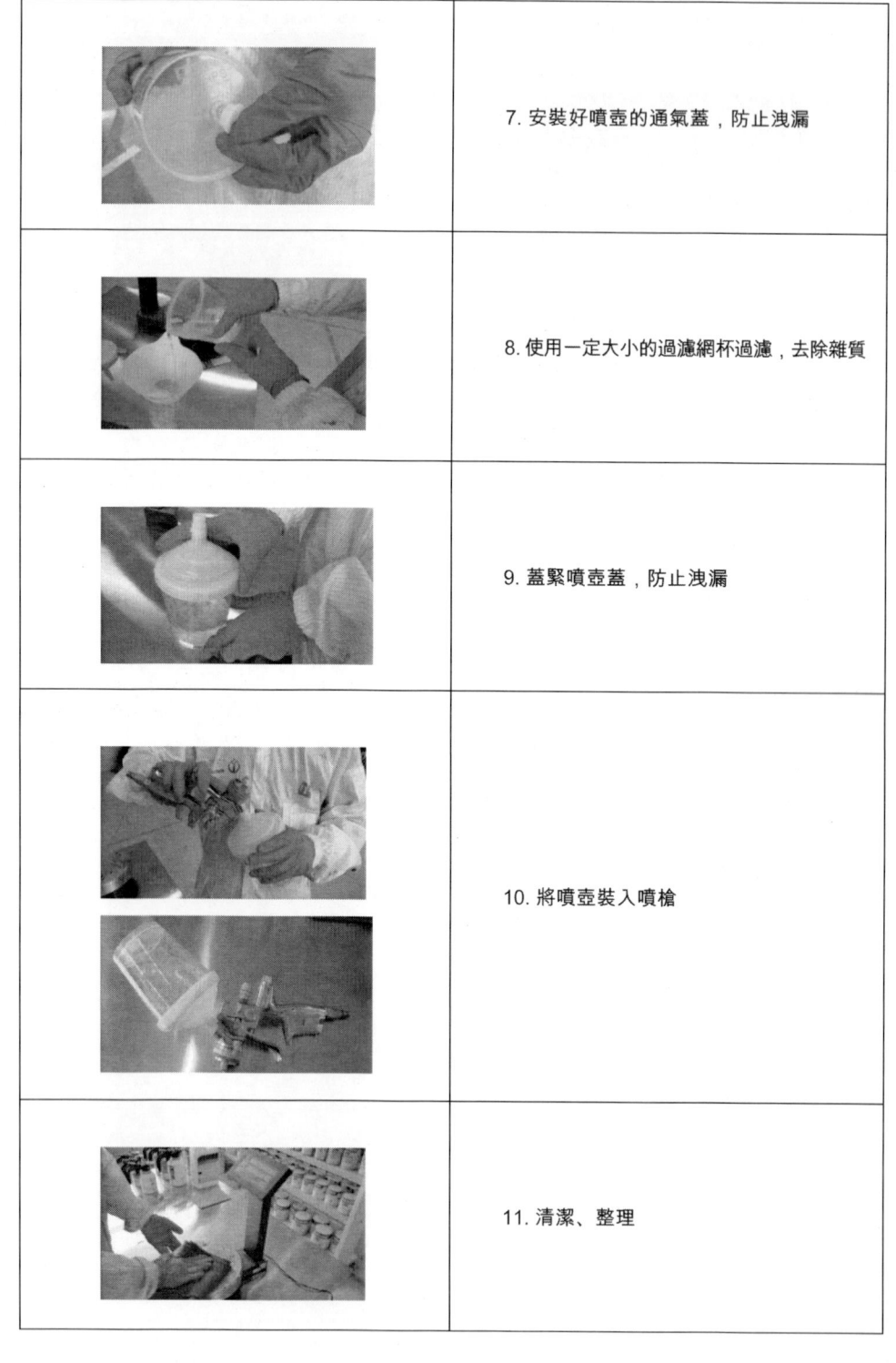

	7. 安裝好噴壺的通氣蓋，防止洩漏
	8. 使用一定大小的過濾網杯過濾，去除雜質
	9. 蓋緊噴壺蓋，防止洩漏
	10. 將噴壺裝入噴槍
	11. 清潔、整理

任務檢測

一、選擇題

1. 水性漆存儲的合適溫度是(　　)。
   A. 5~40℃　　　　　B. 5~35℃　　　　　　　C. 0~40℃

2. 單組分中塗底漆和雙組分中塗底漆對比,正確的是(　　)。
   A. 單組分中塗底漆自然乾燥速度快
   B. 單組分中塗底漆隔離性好
   C. 單組分中塗底漆填充性好

3. 關於固化劑、稀釋劑,以下說法不正確的是(　　)。
   A. 一般都會分為慢乾、標準、快乾等多種類型
   B. 使用時應根據環境溫度選取適合的固化劑、稀釋劑
   C. 噴塗面積較小時,可以選擇相對較慢乾的固化劑和稀釋劑

4. 在水性漆產品中,目前最廣泛使用的是(　　)。
   A. 水性中塗底漆　　　　B. 水性底色漆　　　　　　C. 水性清漆

二、判斷題

1. 固化劑和樹脂發生化學反應而固化成膜的塗料為雙工序塗料。　(　　)
2. 手上不慎沾染了汽車漆,應用布沾溶劑或稀釋劑擦掉,再立即用肥皂水洗乾淨。
   　(　　)
3. 高溫漆和修補漆的使用環境,以及產品本身和施工所能選擇的工藝和設備都不同。
   　(　　)
4. 環氧底漆的主要作用是提供附著力。　(　　)

任務評價

班級：		姓名：			
評價內容	過程性評價		終結性評價	持續發展性評價	評價人
知識評價					自評
					互評
					教師評價
					總評

續表

班級：			姓名：	
評價內容	過程性評價	終結性評價	持續發展性評價	評價人
技能評價				自評
				互評
				教師評價
				總評
情感評價				自評
				教師評價
				企業評價
				總評

任務拓展

汽車塗料管理的法規

一、國外汽車塗料管理法規

2004 年，歐盟頒佈了針對汽車修補和建築裝飾塗料為主，管理較之前法規更為具體、嚴格的 PPD 法規，適應於塗料生產廠家及進口商，要求其將符合法律的產品投入市場，且VOC（Volatile Organic Compounds，揮發性有機化合物）的含量必須列印在產品標籤上，以識別產品是否符合規定。PPD 法規根據產品的不同分類，設立了不同的VOC 排放最高限量，從而對汽車修補漆提出了更高的環保要求，如面漆（底色漆、清漆）的VOC 限量為420 g/L，底色漆必須全部轉換為水性色漆方能達到PPD 的該項標準。該法規於2007 年1 月1 日正式生效，自此歐盟國家開始全面使用水性汽車修補漆。美國加州空氣資源委員會（CARB）自2008 年7 月起在加利福尼亞州開始實施較之前1151 法令更為嚴格CARB 法規，和歐盟PPD 法規類似，產品的外包裝上要有揭示該產品VOC 排量的資訊；由於美國各州的環境污染情況不同，各州又制定各自的州法規。繼美國之後，加拿大（2010 年，CARB 法規）、韓國（2010 年首爾，2012 年韓國全國）也頒佈了相關汽車塗料管理法規。

二、國內汽車塗料管理法規

中國香港（2011 年10 月正式生效）也相繼實施了限制VOC 排放的環保法規，其中中國香港的環保法規更為嚴格，嚴格程度甚至趕超歐美。

中國大陸雖然目前還沒有制定限制VOC 排放的環保法規，但是首個明確規定汽車塗料中重金屬、限用溶劑、VOC 含量的中國國家標準GB24409—2009《汽車塗料中有害物質限量》已由國家品質監督檢驗檢疫總局及中國國家標準化管理委員會於2009 年9 月30 日發佈並已於2010年6月1日開始正式實施，這標誌著我國大陸對於汽車高溫漆及汽車修補漆的有害物質開始提出了明確限量要求。

GB24409—2009《汽車塗料中有害物質限量》，對溶劑型汽車塗料（GB24409—2009中為A類，分為熱塑性、單組分交聯型和雙組分交聯型）、水性（含電泳塗料）、粉末、光固化塗料（GB24409—2009中為B類）中的有害物質，包括重金屬、揮發性有機化合物和限用溶劑含量都給出了明確限量，表1-3-1、表1-3-2分別為GB24409—2009《汽車塗料中有害物質限量》中A類塗料、B類塗料中有害物質限量的要求。

表1-3-1 A類塗料中有害物質限量的要求

塗料品種		揮發性有機物（VOC）含量（g/L）	限用溶劑含量（%）	重金屬含量（限色漆）（mg/kg）
熱塑性	底漆、中塗、底色漆（效應顏料漆、實色漆）、罩光清漆、本色面漆	≤ 770	苯≤ 0.3；甲苯、乙苯和二甲苯總量≤ 40；乙二醇甲醚、乙二醇乙醚、乙二醇甲醚醋酸酯、乙二醇乙醚醋酸酯、二乙二醇丁醚醋酸酯總量≤ 0.03	Pb ≤1000；Cr^{6+}≤1000；Cd ≤100；Hg ≤1000
單組分交聯型	底漆	≤ 750		
	中塗	≤ 550		
	底色漆（效應顏料漆、實色漆）	≤ 750		
	罩光清漆、本色面漆	≤ 580		
雙組分交聯型	底漆、中塗	≤ 670		
	底色漆（效應顏料漆、實色漆）	≤ 750		
	罩光清漆	≤ 560		
	本色面漆	≤ 630		

表1-3-2 B類塗料中有害物質限量的要求

塗料品種	限用溶劑含量（%）	重金屬含量（限色漆）（mg/kg）
水性塗料（含電泳塗料）	乙二醇甲醚、乙二醇乙醚、乙二醇甲醚醋酸酯、乙二醇乙醚醋酸酯、二乙二醇丁醚醋酸酯總量≤ 0.03	Pb ≤ 1000；Cr^{6+}≤ 1000；Cd ≤ 100；Hg ≤ 1000
粉末、光固化塗料	—	

GB24409—2009《汽車塗料中有害物質限量》中所明確列出的以下限用溶劑，毒性越強，限量就越低：

①苯≤ 0.3%；

②甲苯、乙苯和二甲苯總量≤ 40%；

③乙二醇甲醚、乙二醇乙醚、乙二醇甲醚醋酸酯、乙二醇乙醚醋酸酯、二乙二醇丁醚醋酸酯總量≤ 0.03%。

以苯為例，苯是屬於強烈毒性有機溶劑，這是因為苯達到一定劑量即可抑制骨髓造血功能，往往先會使白細胞減少，然後使血小板減少，最後紅細胞減少；而且苯對神經系統也有一定損害作用。故一些大的塗料生產廠商都不使用苯作為有機溶劑。

　　隨著我國經濟的不斷發展，對環境保護的不斷重視，加上中國政府的積極引導，例如交通部於2012年推出的交通運輸節能減排專項資金，使用水性漆、無塵乾磨設備等綠色塗漆技術的維修企業都可以申報並獲得採購額20％的補貼；另外一些大的汽車生產廠商及塗料生產廠商也在積極引導，汽車維修行業使用水性漆的用戶數量每年都在成倍增長。水性漆的使用，極大地減少了有機溶劑對人類生存環境及從業人員健康帶來的危害，將汽車修補塗料帶入劃時代的水性漆時代。

項目二　前處理工藝

任務一　表面處理

任務目標

目標類型	目標要求
知識目標	(1) 能描述表面處理的作用、設備、工具和材料 (2) 能描述表面處理的方法和施工流程 (3) 能描述表面處理的品質要求
技能目標	(1) 能熟練實施清潔除油和遮蔽保護作業 (2) 能熟練實施除舊漆層和打磨羽狀邊作業 (3) 能熟練實施底漆處理作業
情感目標	(1) 具有作業現場的""5S"習慣 (2) 養成個人防護安全、環保觀 (3) 養成作業品質、效率觀

任務描述

一輛轎車的葉子板受到剮蹭後，出現了輕微變形和漆面損傷，不需要鈑金作業恢復表面形狀，但需要對受損葉子板實施塗裝修補作業，恢復塗層狀態。塗裝修補的第一步應是對受損板件實施表面處理作業，主要包括清潔除油、遮蔽保護、除舊漆層、打磨羽狀邊和底漆處理，為後面的原子灰施工打下基礎。

任務準備

一、汽車塗裝的作用、類型和特點

(一)汽車塗裝的概念

汽車塗裝是指對汽車車身表面、內部和底盤各部位使用塗料塗覆，經過乾燥固化形成塗膜，並由兩層或兩層以上的塗膜構成塗層，以實現保護、裝飾和標示作用為目的的工藝過程。

(二)汽車塗裝的作用

1. 保護作用

由於汽車使用環境複雜，往往容易受到雨水、土壤、微生物、紫外線、酸鹼物質和氣體的侵蝕，也會受到擦刮、碰撞等外部損傷，造成汽車部件材料的腐蝕，降低使用壽命。

2. 裝飾作用

汽車的發展越來越關注汽車外觀的造型、線條和色彩的藝術性，個性的造型、優美的線條和絢麗多彩的色彩往往更具有美感和更能滿足個性化的需要，從而大大提升了汽車的商業價值。

3. 標示作用

不同汽車的使用用途不一樣，如救護車、消防車、化學危害物品運輸車等特殊用途的汽車，可以在其車身塗裝不同的顏色、圖案來標示其特殊用途。

(三)汽車塗裝分類

一般分為兩類，一是生產過程的新車塗裝，主要採用高溫漆；二是使用中的受損汽車修補塗裝，主要採用低溫漆。

(四)汽車修補塗裝的特點

汽車修補塗裝相比新車塗裝，在塗裝材料、設備和工藝、方法等方面存在明顯的區別。汽車修補塗裝的主要特點表現在以下方面。

1. 汽車修補塗裝的複雜性

由於維修車輛的類型、顏色、損傷部位和程度千差萬別，維修中使用的設備、塗料等也不盡相同，導致修補塗裝作業的工藝、方法和生產方式的差異，體現了汽車修補塗裝的複雜性。

2. 汽車修補塗裝品質要求高且難控制

汽車修補塗裝主要是為了恢復受損板件的塗層及性能，因此，對修補塗裝的品質要求高。同時，受汽車修補塗裝的複雜性和手工操作為主的影響，修補塗裝的品質較難達成，需要高品質的塗料，先進的設備、工藝和方法，科學的生產管理，更需要高技能水準的維修工，才可以保證汽車修補塗裝品質。

3. 汽車修補塗裝以手工為主

由於汽車修補塗裝十分複雜，品質要求也高，目前大多工序只能採用手工作業，機械自動化操作不能完全替代。

二、汽車修補塗裝的作業流程

(一)修補塗裝工藝

要進行汽車的修補塗裝作業，合理的作業流程十分重要，下面以目前廣泛使用的聚氨酯塗裝工藝流程進行說明，如圖2-1-1所示。

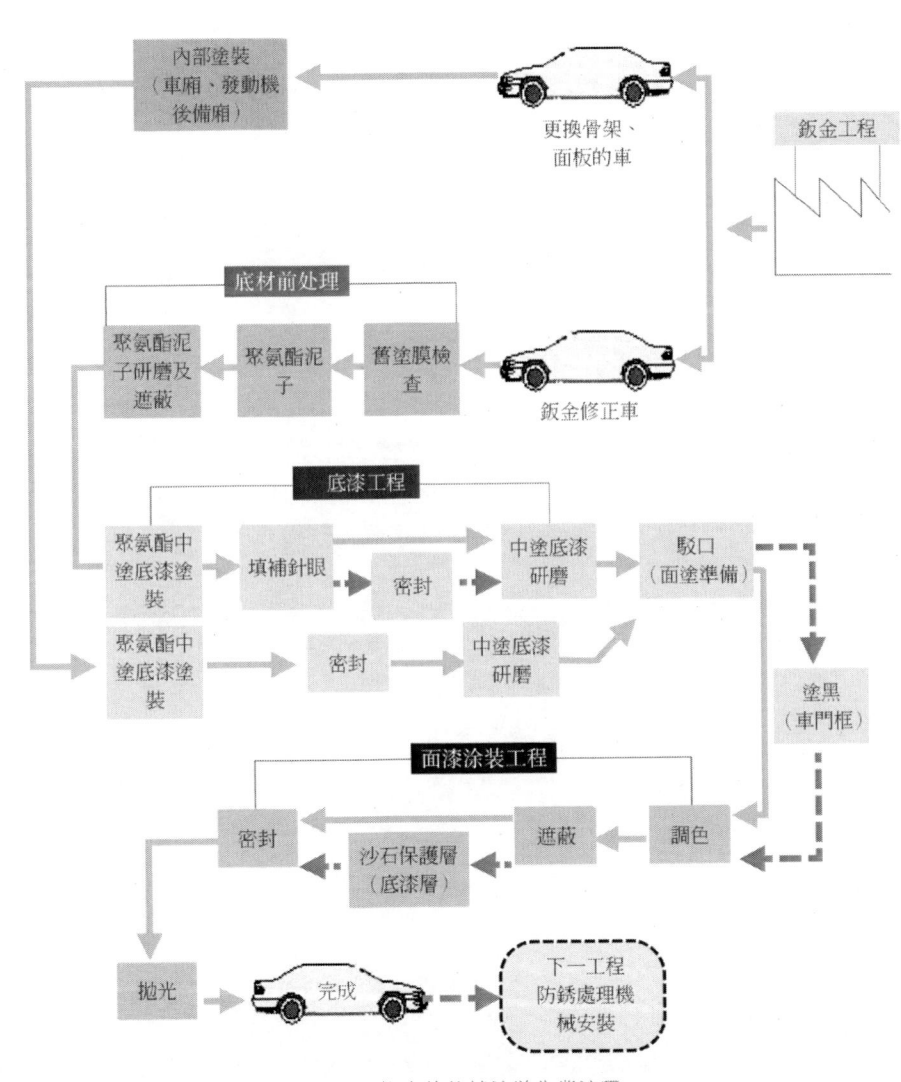

圖2-1-1 汽車的修補塗裝作業流程

(二)修補塗裝方法

在修補前首先要確認好待修板件受損部位的狀態和受損程度、舊漆膜的劣化程度、有無凹凸和銹蝕，再來決定使用何種修補方法。

一般按修補面積大小和部位區域可以分成以下幾種方法。見表2-1-1。

表2-1-1 汽車漆損傷修補方法

類型	圖示
整車噴塗法：整車的全部板件修補。	
板間駁口修補法：相鄰板件整塊駁口面漆修補。	
板內駁口修補法：在同一板件上採取小範圍的駁口修補。	
板內小範圍修補法：較小損傷區域採用板件內小範圍的修補。	
筆描點修補方法：用筆對微小的點損傷修補。	

注意：如果無法採用修補方法恢復的受損板件，應採取更換新板件，並進行和原車板件相同顏色的塗裝處理。

三、表面前處理

(一)表面前處理的作用

表面前處理作業包括洗車、漆膜類型評估、損傷評估、清潔和除油、遮蔽保護、去除舊漆層和打磨羽狀邊、底漆處理等內容，它為接下來的原子灰施工做準備，對後面的工序造成影響，也會影響修補品質和作業效率。

(1) 判斷漆膜類型、評估板件損傷，是選擇合適的修補方法、塗料類型的依據；

(2) 遮蔽保護不需要打磨修補的部位和部件；

(3) 打磨形成平滑的羽狀邊，提高附著力，便於原子灰施工品質提高；

(4) 清潔和除油、底漆防腐處理，有利於提高塗層附著力和防腐力。

(二)表面前處理工藝

1. 洗車清潔

車輛在進行修補之前需要將附著在車身上的污垢以及附著在輪胎、下圍的污泥等用水沖洗乾淨。如果把污垢等帶到作業工位的話，修補時污垢會飛揚起來附著到噴塗表面，影響修補的品質。以下幾種洗車的方法中，根據車輛的狀態進行選擇。

(1) 手洗。

一般用海綿手工洗車的方法。手洗因為水壓低，水不會侵入車內，適合限定部位的洗車，並能夠細心地清洗到角落。

(2) 高壓清洗機。

噴頭式高壓清洗機，是噴射高壓溫水或冷水將污垢沖落的裝置。適合清洗下圍、輪胎、輪轂等，可縮短作業時間。因為是高壓水，所以不適用於開口部位防水膠條脫落及窗戶玻璃破損的部位。

(3) 自動洗車機。

比起手洗及高壓清洗機，自動洗車機可以縮短作業時間，但不適用於開口部位防水膠條及窗戶玻璃破損的部位。

注意：洗車後用仿鹿皮巾將水擦拭乾淨，並將縫隙裡水吹乾。

2. 舊漆膜的判定

洗車清潔後，修補打磨作業前，應確認舊漆膜的狀況，這是修補方法、塗料類型選擇的重要依據。如果修補塗裝的塗料與原塗層塗料不匹配，會造成咬底、脫落、色差等品質問題，出現返工而增加工作量。比如舊漆膜之前用單組分的硝基漆塗裝的情況下，重新修補採用泥子有可能會出現收縮現象；如果在膜過厚的漆膜上再次修補噴塗，容易出現裂痕現象。舊漆膜狀態的判定方法如下：

(1) 溶劑法。常用來鑒定漆膜類型，檢查原漆膜是熱固型還是熱塑型漆膜。用蘸有稀釋劑的棉紗擦拭修補部位查看是否掉色，檢查舊漆膜的溶解情況。如存在溶解而掉色，一般為熱塑型漆膜，能溶於稀釋劑，說明原塗層採用的是溶劑揮發性塗料，如硝基纖維漆等；如不存在溶解而掉色，一般為熱固型漆膜，不能溶於稀釋劑，說明原塗層可能採用的是雙組分或烘烤型塗料，如丙烯酸聚氨酯漆等。見表2-1-2。

表2-1-2 原塗層類型及溶解性

原塗層類型	溶解性	稀釋劑對原塗層的影響
硝基纖維漆、NC、CBA 丙烯酸清漆	能溶於稀釋劑	會溶解原塗層，造成咬底、脫落、起皺、色差等
丙烯酸聚氨酯、烘烤漆膜（三聚氰胺）	不溶於稀釋劑	不會溶解原塗層

（2）擦拭法。用來檢查原塗層是單工序或雙工序。使用砂紙擦拭原漆面，如砂紙沾有顏色，則說明原塗層是單工序漆；如砂紙沒有沾有顏色，只有透明顆粒，則說明原塗層是雙工序漆。

3. 損傷的評估

準確地評估受損板件的位置、大小、程度，是修補方法、修補工序選擇，以及作業準備和成本核算等的依據。常用的評估損傷方法如下：

（1）觸摸法。用手在板件受損區域的不同方向觸摸，靠手感判斷受損板件的區域和程度。

（2）目測法。把受損板件置於光線下，在不同角度用眼睛觀察受損的區域和程度。

（3）測量法。一般使用直尺測量車身及板件表面的間隙，用來判斷受損板件的位置、大小、程度。

4. 清潔除油和打磨前的遮蔽保護

（1）清潔除油。由於待修補的板件表面有污染物，如蠟、釉和油污等，在打磨時會沾在砂紙內，往往會在噴塗時造成附著力不良、"魚眼"等現象，因此，在修補塗裝各個環節中要做好清潔除油作業。

①除油劑。它是由多種有機溶劑組成的混合物，能溶解車身表面上的美容蠟、矽化物、油脂等污染物。一般的油漆廠家都有配套使用的除油劑產品，應參照廠家要求和產品說明選用除油劑。

注意：一般的稀釋劑、香蕉水（又稱天那水）對污染物的溶解力不夠，清潔除油效果不能保證。香蕉水中含有大量的苯、二甲苯等有毒成分，對人體危害大，雜質多，對車漆膜破壞力強，所以不適合用於清潔除油。

②清潔除油的材料、工具。常採用除油劑、除油布和噴壺。

③清潔除油的方法。一般採用乾濕除油法。首先將除油劑均勻噴灑在板件表面至完全濕潤，然後用噴有除油劑的濕除油布充分擦拭表面，最後在除油劑未乾時用乾除油布擦乾、擦淨表面。

注意：對於新塑膠保險杠的清潔除油，一般採用能清除塑膠表面脫模劑的除油劑。按照廠家具體的使用說明，將除油劑與自來水混合，結合菜瓜布打磨掉脫模劑，最後用水清洗乾淨。

（2）打磨前的遮蔽保護。如果待修補的板件未從車上拆下，在實施打磨前，應對相鄰的板件、部件（車燈、車窗、裝飾件等）採用遮蔽膠帶進行分隔和保護，防止打磨時被損傷，帶來不必要的損失。

5. 去除舊漆層和打磨羽狀邊

待修補板件受損區域的塗層已經破壞，為了保證原子灰與基材的良好附著力，保證原子灰打磨的平整性，必須在原子灰施工前將受損舊漆層去除至裸金屬，並將邊緣打磨成羽狀邊。

（1）去除舊漆層。將板件受損區域的塗層完全去除至裸金屬，去除已經生銹的金屬部分，形成圓整的形狀，為羽狀邊打磨打下基礎。

①砂紙番號的選擇。一般採用P60～P80砂紙。

②砂輪機、單動作乾磨機打磨去除舊漆層。將損傷部位及劣化部位的漆膜打磨掉，打磨至新裸金屬露出來，除鏽徹底，形成圓整的邊緣形狀，如圖2-1-2所示。

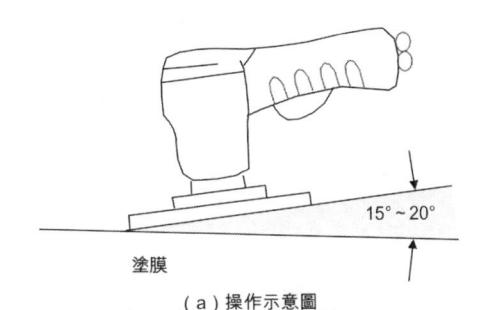

(a) 操作示意圖

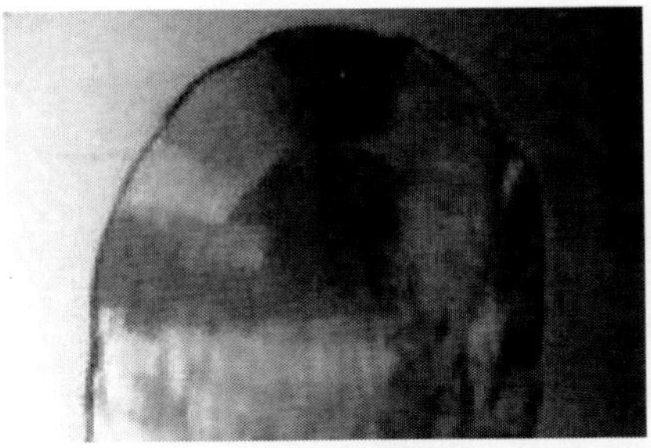

(b) 效果正確 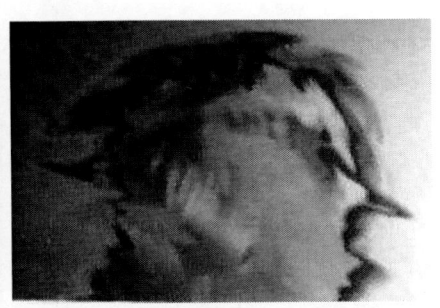　　　(c) 效果錯誤

圖2-1-2 去除舊漆層

（2）打磨羽狀邊。為避免舊漆膜和修補部位出現層差（分層），使用雙動作乾磨機配合P120砂紙打磨光滑的（補土前）羽狀邊。具體打磨時要注意：做羽狀邊時，要從舊漆膜向損傷區域打磨；羽狀邊的寬度要儘量做大；使打磨機正好貼合對著打磨面來打磨。還有，不要太用力把打磨機向打磨面上壓；要儘量不去損傷周邊漆面。如圖2-1-3、圖2-1-4、圖2-1-5所示。

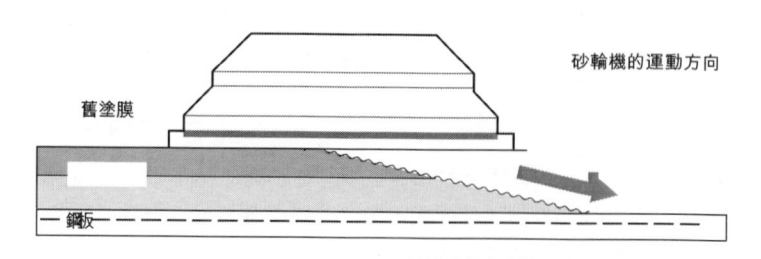

砂輪機的運動方向

舊塗膜

鋼板

邊界不要有臺階，要過渡圓滑

圖2-1-3 雙動作乾磨機打磨

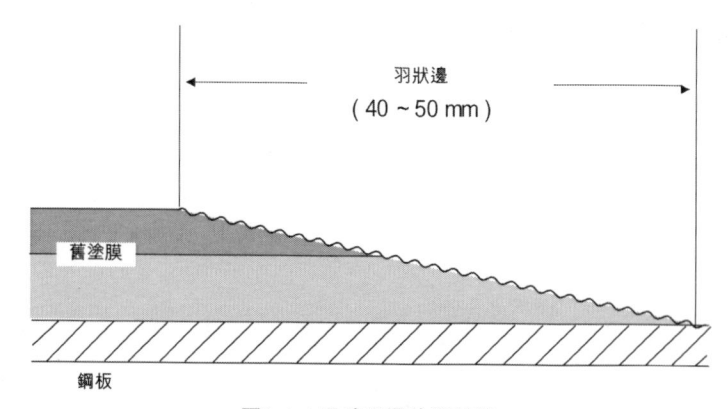

羽狀邊
（40～50 mm）

舊塗膜

鋼板

圖2-1-4 過渡平滑的羽狀邊

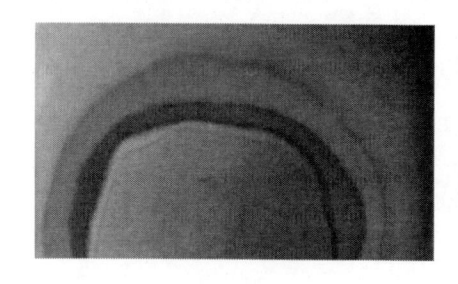

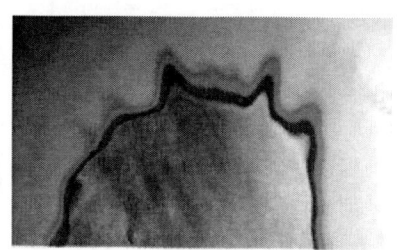

(a) 良好的羽狀邊　　　　(b) 差的羽狀邊

圖2-1-5 羽狀邊的寬度

(3) 清潔除油。先用吹槍或抹布進行除塵，然後進行除油，使原子灰作業區域清潔。

6. 施塗底漆

羽狀邊打磨完成以後要及時實施底漆處理。底漆可以將金屬同空氣隔離開來，起到防銹的作用。同時，底漆塗層的化學成分也起到了支撐的作用，形成底材、底漆、原子灰間的良好附著力。

(1) 防銹底漆的類型及特點。

常用的防銹底漆有環氧底漆、磷化底漆(侵蝕底漆)兩種，它們具有不同的特點。

①環氧底漆。它是以環氧樹脂為主要成膜物質的底漆，具有很強的防銹力和附著力，漆膜堅韌耐久，對許多基材具有良好的附著力，適用範圍廣，可在環氧底漆上面直接刮塗原子灰。

②磷化底漆(侵蝕底漆)。由於磷化底漆本身呈弱酸性，一方面，它能與金屬產生化學反應形成磷化膜，磷化膜是一層多孔的、不導電的膜狀結構，具有防銹、增加附著力的作用；另一方面，它會與原子灰發生不良反應。所以，原子灰不能直接刮塗在磷化底漆上面，而必須在磷化底漆上施塗中塗底漆才可以刮塗原子灰。

(2) 防銹底漆的選用。

一般多選用環氧底漆作為防銹底漆。為了保證塗層的防銹力和附著力，必須依據防銹底漆和原子灰的配套性原則，按產品廠家使用說明選用。

注意：不飽和聚酯原子灰對多種金屬底材具有良好的附著力，本身也具有一定的防銹功能。因此，使用這類原子灰時可以不施塗環氧底漆。

(3) 環氧底漆的施塗。

①清潔除油。

②擦塗或噴塗環氧底漆。一般厚度為15～20 μm。

③烘烤乾燥。一般可採用短波紅外線烤燈烘烤，乾燥後就可刮塗原子灰。

任務實施

一、作業準備

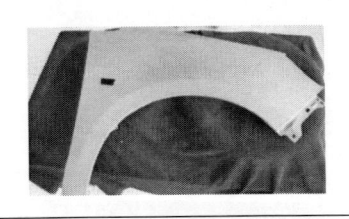

	1. 整理工位

	2. 檢查乾磨機、磨頭、手刨；準備砂紙、精磨砂棉、灰色菜瓜布、碳粉、除油劑、除油布、環氧底漆、磷化底漆等材料
	3. 防護用品準備與檢查

二、操作步驟

	1. 板件的清潔除油 （1）穿戴除油防護用品。
	（2）清潔除油。
	2. 穿戴打磨防護用品

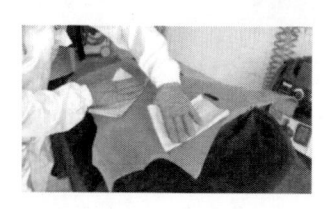

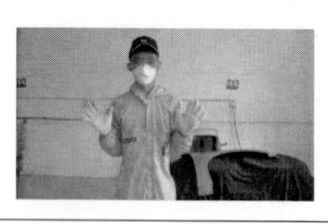

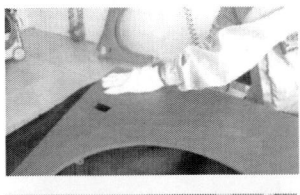

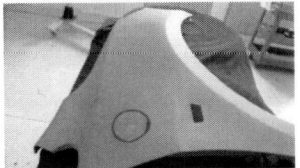

3. 損傷檢查

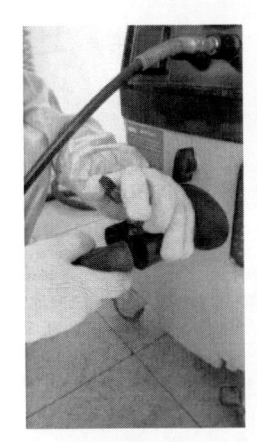

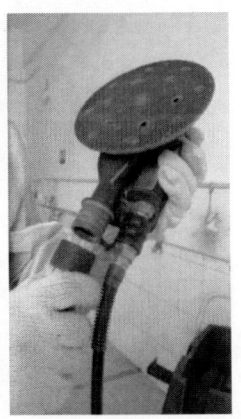

4. 去除舊漆層
(1) 安裝乾磨機、磨頭管路。

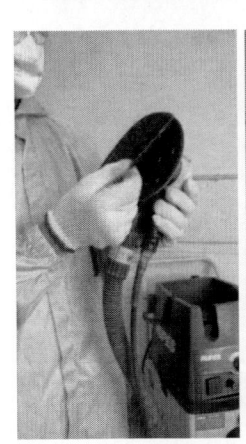

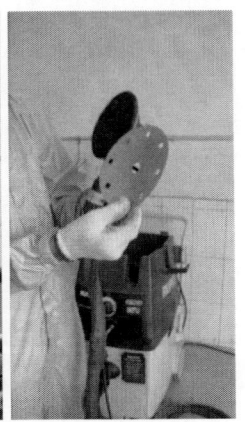

(2) 安裝磨頭保護墊、P60~P80 砂紙
提示：保護墊、砂紙與磨頭的空眼對齊，黏附牢靠。

（3）檢查調整磨頭轉速。

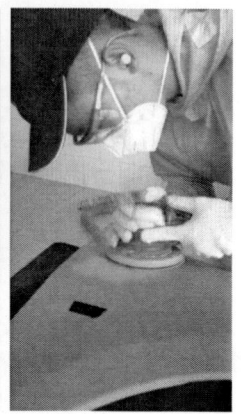

（4）打開相應的吸塵功能鍵，打磨受損區域舊漆層。

提示：①使用乾磨機前務必打開相應的吸塵功能鍵，不使用時及時退出吸塵功能鍵。②磨頭與打磨面的夾角小於15°。③打磨時由外向內。

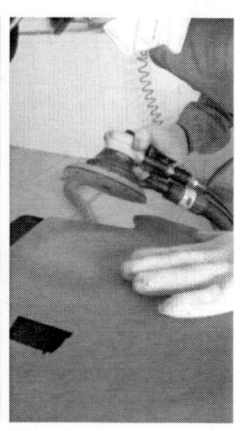

（5）打磨受損區域舊漆層至露出金屬，檢查打磨區域和邊緣狀況。

提示：①舊漆層去除區域不能過大或過小，過大造成原子灰修補面積增大，過小影響羽狀邊的打磨品質。②打磨儘量圓整。

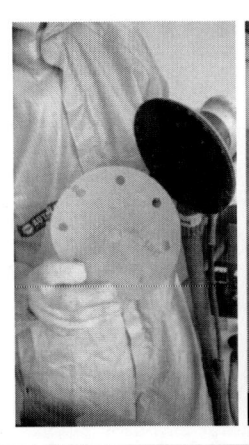

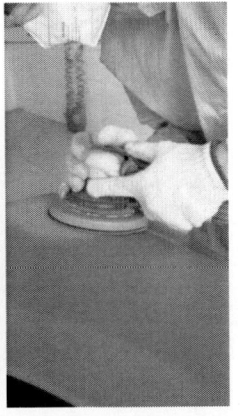

5.打磨羽狀邊

（1）更換使用P120砂紙打磨羽狀邊。

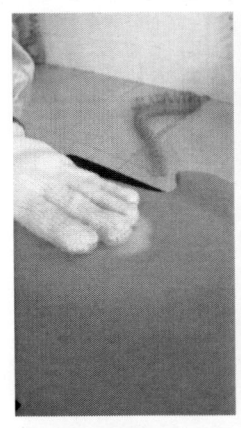

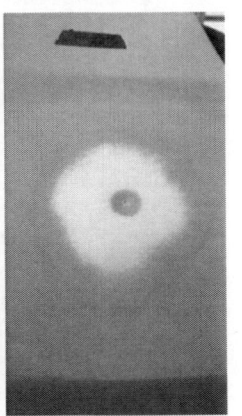

（2）羽狀邊檢查。要求羽狀邊形狀圓整，過渡平滑無臺階，寬度4～5 cm。

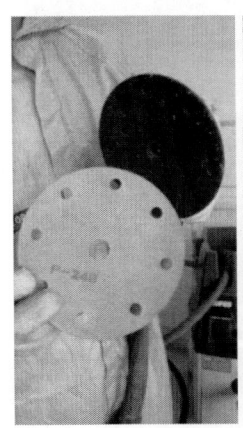

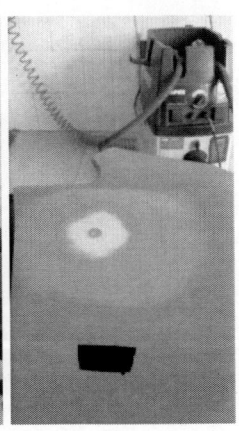

（3）更換使用 P240 砂紙打磨原子灰刮塗區域。

（4）徹底清除中部凹陷處銹蝕、漆膜雜物等，可以使用刮刀、砂紙去除。

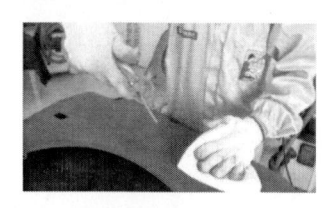

（5）徹底吹除打磨形成的灰塵。

（6）打磨區域的清潔除油。
①穿戴除油防護用品。

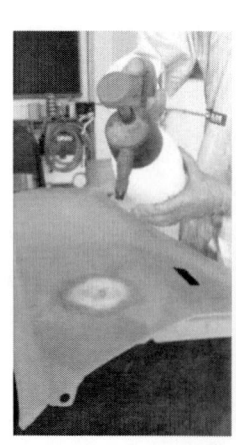

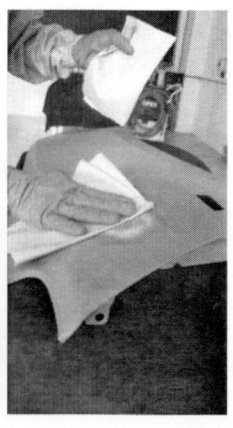

②清潔除油。

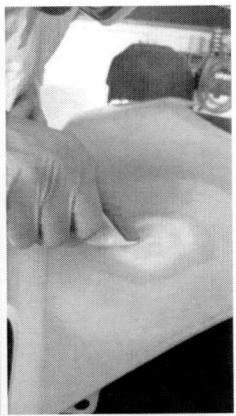

6. 環氧底漆處理

(1) 在金屬裸露的區域塗抹環氧底漆。

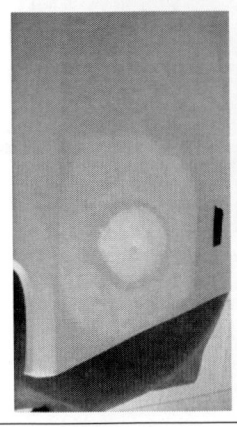

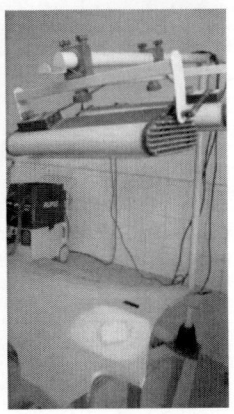

(2) 紅外線烤燈烘烤3～5 min。

任務檢測

一、選擇題

1. 打磨羽狀邊時必須穿戴(　　)。
   A. 防護眼鏡　　B. 防塵口罩　　C. 防靜電工作服　　D. 防毒面具
2. 打磨羽狀邊時應該選用的砂紙為(　　)。
   A. P60　　B. P120　　C. P180　　D. P240

二、判斷題

1. 環氧底漆的主要作用是提供附著力。　　　　　　　　　　(　　)
2. 環氧底漆施塗後需要打磨後才能刮塗原子灰。　　　　　　(　　)

任務評價

班級：		姓名：		
評價內容	過程性評價	終結性評價	持續發展性評價	評價人
知識評價				自評
				互評
				教師評價
				總評
技能評價				自評
				互評
				教師評價
				總評
情感評價				自評
				教師評價
				企業評價
				總評

任務拓展

更換板件的前處理

汽車車身的配件往往經過了電泳處理，如果直接對其進行噴漆，塗料附著困難。所以，更換板件需要進行前處理作業。

一、更換板件表面的研磨

使用雙動作打磨機，在中間加裝軟墊，結合使用P400～P600 的乾磨砂紙進行乾磨至無光澤。

二、更換板件邊角的研磨

乾磨機對於更換板件凹陷處和邊緣的打磨比較困難，一般用紅色菜瓜布或P320～P400 的乾磨砂紙來進行手工打磨。

三、清潔除油

用吹塵槍把粉塵吹走，再用除油劑清潔除油。

任務二 泥子施工

任務目標

目標類型	目標要求
知識目標	(1) 能描述泥子施工的作用、工具 (2) 能描述泥子的種類、特點 (3) 能描述泥子施工的工藝流程 (4) 能描述泥子施工的品質要求
技能目標	(1) 能熟練調配泥子 (2) 能熟練刮塗泥子 (3) 能熟練打磨泥子
情感目標	(1) 具有作業現場的""5S"習慣 (2) 養成個人防護安全、環保觀 (3) 養成作業品質、效率觀

任務描述

受損葉子板板件已經完成表面處理，已打磨羽狀邊和塗抹環氧底漆，接下來要對其實施泥子施工。

任務準備

一、泥子施工概述

1. 泥子施工的作用

泥子是一種膏狀或厚漿狀的塗料，由樹脂、顏料、溶劑和助劑等組成。由於泥子具有良好的填充作用，可用來填補底材上的凹坑、孔眼、刮痕、焊疤，達到恢復受損部位的表面形狀、輪廓的目的，因此泥子施工是修補塗裝作業的重要環節，良好的泥子施工效果是提升修補塗裝品質和性能要求的首要保障。

2. 泥子的分類及特點

泥子又稱為補土，分為硝基泥子和不飽和聚酯泥子。

(1) 硝基泥子。俗稱填眼灰，屬於單組分，一般用於中塗底漆後的小砂眼、砂紙痕的填充。由於其易於吸收面漆的溶劑而產生收縮，所以不能大面積使用。

(2) 不飽和聚酯泥子。通常稱為原子灰，包括鈑金原子灰、普通原子灰、纖維原子灰、柔性原子灰等類型。原子灰屬於雙組分，需添加固化劑配合使用，具有乾燥速度較快、刮塗性好、附著力強、原子灰層牢固、不易開裂、硬度高、打磨性好、固化後收縮性好等特點，目前廣泛使用在汽車修補塗裝領域，本書後文重點對此進行介紹。

注意：(1)纖維原子灰。這是採用玻璃纖維代替滑石粉作為原子灰的填充劑，提高了原子灰的韌性、強度和防水性能，常用于玻璃鋼小孔、縫隙的填充修補。(2)柔性原子灰。它是一種柔韌而細膩的雙組分不飽和聚酯原子灰，常用於塑膠件表面，與柔性或硬質的塑膠都有良好的附著力。

3. 泥子的性能要求

由於汽車塗裝具有高級裝飾性和保護性的要求，因此，使用的泥子應具有以下性能才能滿足修補塗裝。

(1) 具有良好的配套性。與底漆、中塗底漆、面漆配套，不發生咬底、起皺、開裂、脫落等現象，具有較強的層間粘合力。

(2) 具有良好的刮塗性。垂直面刮塗無流淌現象，附著力好，具有一定的韌性，刮塗時泥子不反轉，薄刮時泥子層光滑。

(3) 具有良好的打磨性。泥子乾燥後軟硬適中，易打磨，不粘砂，應能適合乾磨，打磨後泥子層邊緣過渡平整光滑且無介面痕跡。

(4) 具有良好的乾燥性，能在規定時間內乾燥。

(5) 具有良好的韌性、硬度，避免震動引起泥子層開裂，防止輕微碰掛引起的凹陷和劃痕。

(6) 具有良好的耐溶劑性和耐潮濕性，防止出現塗層起泡現象。

4. 泥子施工對底材處理的要求

刮塗泥子前，底材處理要達到一定的標準。

(1) 鈑金修復品質要滿足泥子施工要求。底材表面平整度的變形量不可超過泥子的最大刮塗厚度，底材不應有裂口、焊縫，一般鈑金修復後的平整度不超過2 mm。否則，過厚的泥子層會降低塗層性能，容易在受力或變形時出現泥子的裂紋、脫落；裂口、縫隙會吸進潮氣，泥子中的體質顏料會吸收潮氣而導致銹蝕產生，最後會破壞泥子與金屬底材的結合。

由於不同的泥子其組成成分的不同，其可刮厚度也不同，見表2-2-1。過厚刮塗或使用大面積刮塗，將導致出現下陷、泥子印、失光等缺陷。

表2-2-1 泥子的刮塗厚度範圍

序號	泥子類型	刮塗厚度
1	普通原子灰	1～3 mm
2	鈑金原子灰	5 mm
3	硝基泥子	0.5 mm

(2) 修補區域表面處理品質要符合泥子施工要求。修補區域表面處理時要除油清潔，受損舊漆膜的去除要徹底且要施塗環氧底漆，打磨形成的羽狀邊要平滑等，保證塗層間的附著力和防腐力，提高原子灰施工品質。

二、原子灰施工工序

泥子施工包括泥子的調配、刮塗、乾燥、打磨等一系列連續的作業。下面以修補板件的原子灰施工來說明其工序。

(一)原子灰的調配和刮塗

1. 原子灰的調配

(1) 材料。材料包括原子灰與其配套的固化劑。應依據廠家產品說明和溫度選用原子灰與固化劑。如圖2-2-1所示。

圖2-2-1 原子灰與固化劑

(2) 工具。工具主要有泥子攪拌棒（尺）、攪拌盤（板）、刮板（刮刀）。如圖2-2-2所示。

①攪拌棒（尺）。用於攪拌、取出泥子，以便均勻混合，上面帶有刻度，有的在柄的後側帶有便利的鉤子，材質多為不銹鋼。實際操作中多使用調漆尺替用。

②攪拌盤（板）。也叫灰板，原子灰與固化劑的攪拌、混合在其板面上進行。

③刮板（刮刀）。用於原子灰與固化劑的攪拌、混合、刮塗。刮刀有鋼制、木制、塑膠或橡膠幾種類型，刮刀根據施工的區域和修理的部位來選擇，木制和塑膠刮刀適用於一般的區域，橡膠刮刀較柔軟，適用於彎曲的區域。

攪拌棒　　　　　灰板　　　　　刮刀

圖2-2-2 原子灰的調配工具

(3) 原子灰的調配方法。

①取灰。首先打開封閉的原子灰罐，由外向裡、由底向上充分攪拌。如圖2-2-3 所示。其次，按修補面積大小及刮塗需要取出適量的原子灰置於灰板上。最後，及時蓋上原子灰罐。

圖2-2-3 攪拌原子灰

注意：因為重的顏料會沉到底部，輕的樹脂、溶劑、添加劑會浮在上面。所以，泥子成分是分離的，在使用前一定要用攪拌棒從罐底部攪拌混合，保證混合均勻；為了防止溶劑的蒸發、灰塵的進入，泥子使用後一定要蓋好，在溫室 (約 20 ℃) 環境保管；攪拌時不要在罐的邊上沾上泥子 (以免硬塊混入泥子，形成異物)。

②取固化劑。首先，固化劑使用前要充分揉開。其次，要依據產品說明和氣溫 (溫度、濕度) 選擇固化劑的用量，一般為原子灰品質的1%～3%。最後，由於固化劑對空氣中的水分非常敏感，所以使用後一定要蓋好，在低溫、陰涼處保管。如圖2-2-4、圖2-2-5 所示。

圖2-2-4 揉開固化劑　　　　　圖 2-2-5 取固化劑

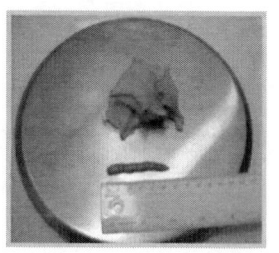

③攪拌，見表2-2-2。

表2-2-2 原子灰攪拌方法

步驟	圖示	方法
1		取出適量配比的原子灰和固化劑，置於灰板
2		用刮刀刮起固化劑，置於原子灰中間
3		用刮刀頭部由中間向外圓弧狀混合
4		用刮刀使原子灰翻轉、擠壓
5		用刮刀使原子灰在灰板上薄薄地攤開，並檢查混合的均勻性

注意：(1)原子灰攪拌均勻十分重要，未充分混合的原子灰會導致固化不均，附著力差，容易起泡、脫落。在攪拌過程可通過查看顏色的均勻性來判斷。(2)原子灰攪拌過程中一定要把雜質和已經硬化的原子灰清除，否則會給刮塗帶來影響。(3)固化劑一旦接觸原子灰就會起固化反應，因此要求攪拌、刮塗要迅速。

2. 原子灰的刮塗

(1) 刮刀的拿法。如圖2-2-6所示，根據刮塗的實際需要，左右兩邊的用力可以調整，刮刀與刮面的角度也可以調整。

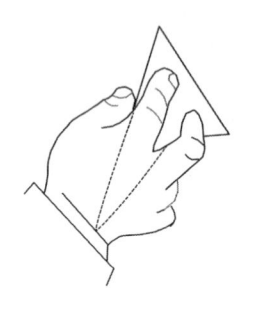

圖2-2-6 刮刀的拿法

(2) 原子灰的刮塗方法。刮塗的操作性極強，方法各異，需要在實際工作中總結經驗，才能保證刮塗品質。一般的刮塗方式見表2-2-3。

表2-2-3 原子灰的刮塗方法

步驟	圖示	方法說明
1		薄刮。第1次刮時將刮刀豎立60°~90°，稍用力壓刮，在金屬裸露區域刮塗成薄薄的原子灰層，擠壓出空隙的空氣並填充。 注意：原子灰層空氣的殘留，是形成原子灰脫落，產生原子灰針眼的原因。
2		填平。將刮刀豎立30°~45°，填補凹陷，稍高於原塗層基準高度。依據修補區域大小和凹陷程度分2~3次完成。
3		精加工。將刮刀放平，豎立30°以下，先輕刮表面，後刮四周邊緣，直至原子灰成形。

原子灰的刮塗品質不好直接會對打磨造成影響，要求刮塗的原子灰：①保證在合適舊塗膜上的區域，不要刮塗在舊塗膜上，防止在噴塗面漆時出現泥子痕。②稍高於原塗層基準高度的厚度。③具有與板件形狀相符合的輪廓。④刮塗後的灰面成平整狀，形成平滑的四周過渡邊緣。如圖2-2-7、圖2-2-8所示。

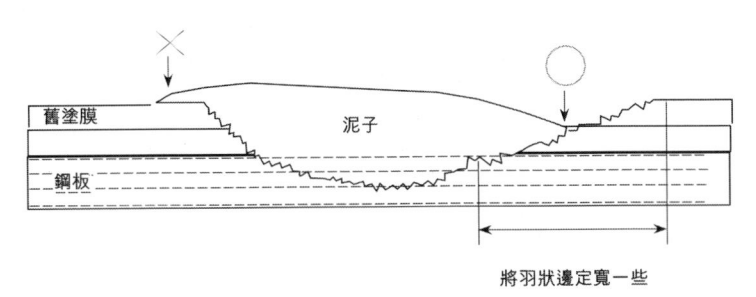

圖2-2-7 原子灰超出舊塗膜範圍（×錯誤，○正確）

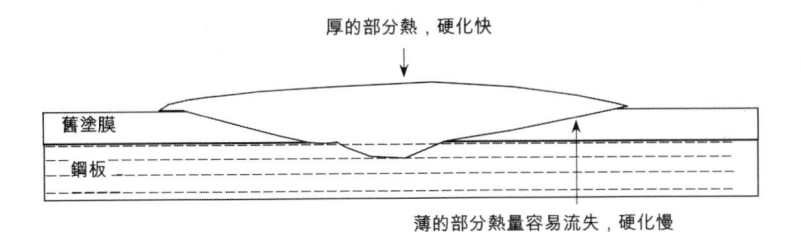

圖2-2-8 原子灰的形態與受熱特點

(二)原子灰的乾燥

1. 原子灰的乾燥方式

(1) 自然乾燥。原子灰與固化劑會發生固化反應而硬化，一般常溫下經過30 min 即可完全乾燥。由於原子灰發生固化反應而產生熱量，根據原子灰的厚度不同，乾燥時間也會變化，特別是薄的地方硬化慢。因此，最好選擇強制乾燥。

(2) 強制乾燥。一般採用短波紅外線烤燈強制乾燥，溫度設定一般是設在50℃以下，烘烤3～5 min，冷卻後即可打磨。如圖2-2-9 所示。

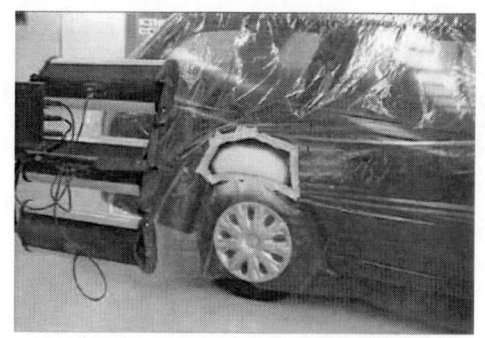

圖2-2-9 原子灰的紅外線烤燈乾燥

注意：急劇加熱或冷卻都容易使原子灰產生應力，造成剝離或裂紋等缺陷。因此，烤燈的烘烤溫度、距離、時間設定應按廠家說明執行；烘烤後應適當冷卻後再打磨。

2.原子灰乾燥的檢查方法

通常採用指甲或砂紙劃擦原子灰表面，如果劃擦顏色為白色，不發軟，不發黏，則證明原子灰已經乾燥。

(三)原子灰的打磨

由於原子灰具有吸水性，會導致漆膜起泡、剝落，金屬底材的銹蝕等缺陷。因此，原子灰的打磨應實施乾磨工藝，採用手工和機械打磨相結合的方式，一般通過粗打磨、找平面、精加工(消除磨痕)、羽狀邊成形這幾個工序來完成。

1.打磨工具、設備和材料

(1) 打磨工具、設備。根據打磨原子灰的面積大小、形狀、部位和打磨步驟，正確選擇不同打磨方式和工具。一般在找面之前和補土後羽狀邊成形時可用打磨機機械打磨，其餘步驟多選擇手工磨板打磨。

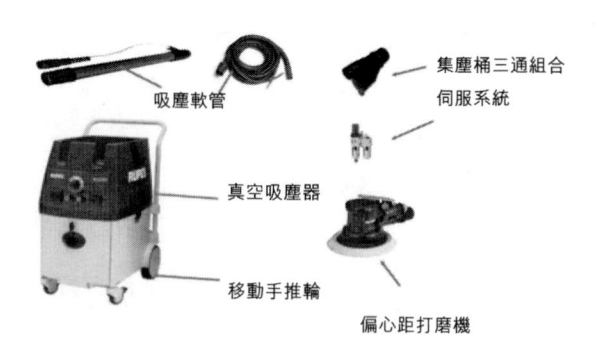

①乾磨系統。如圖2-2-10所示。

圖2-2-10 乾磨系統

②打磨工具。這包括機械打磨機和手工打磨板。如圖2-2-11所示。

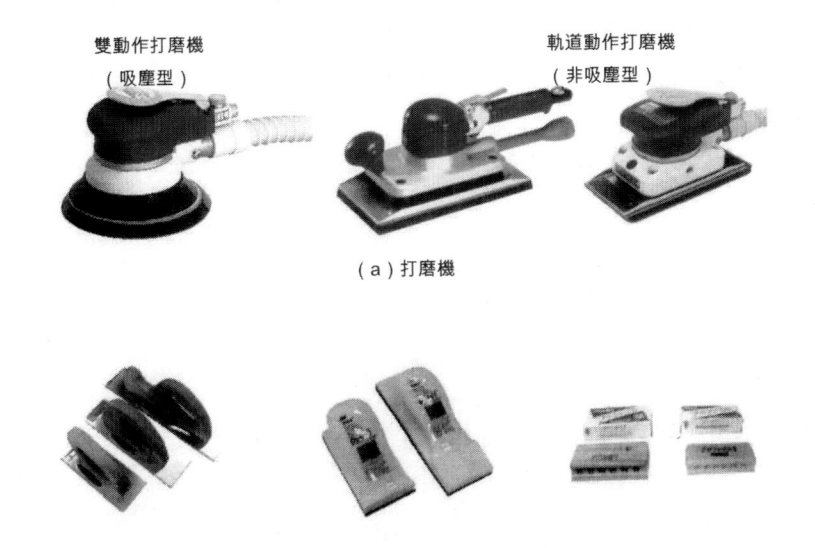

雙動作打磨機（吸塵型）　　　軌道動作打磨機（非吸塵型）

（a）打磨機

（b）手工打磨板

圖2-2-11 打磨機和手工打磨板

(2) 打磨材料。主要的材料為砂紙、碳粉。

①砂紙。原子灰打磨砂紙可參照表2-2-4。

表2-2-4 原子灰打磨砂紙的選用

砂紙類型	砂紙番號	乾磨工序
乾磨系列機磨（帶孔圓形砂紙）	P60～P80	除舊漆
	P120	補土前打磨羽狀邊
	P180	補土後打磨羽狀邊
	P240	補土後打磨羽狀邊
	P320	補土後打磨羽狀邊
	P400	打磨中塗底漆（單工序）
	P500	打磨中塗底漆（雙工序）

續表

砂紙類型	砂紙番號	乾磨工序
乾磨系列手刨 (帶孔方形砂紙)	P60	手刨磨原子灰
	P80	手刨磨原子灰
	P120	手刨磨原子灰
	P180	手刨磨原子灰
	P240	手刨磨原子灰
	P320	手刨磨中塗底漆

②碳粉。將碳粉 (打磨)指示層，塗抹在打磨面，打磨時便於進行表面高低、砂眼、粗磨痕的目視檢查，要求每次切換砂紙時都要進行。如圖2-2-12 所示。

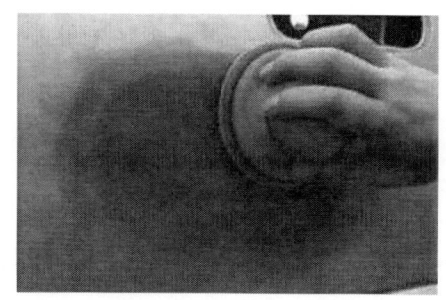

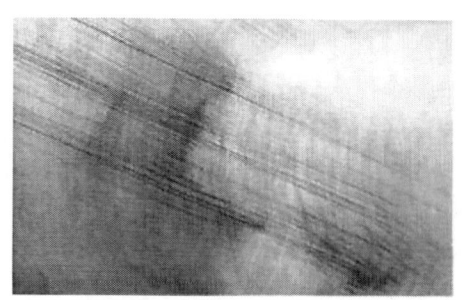

圖2-2-12 碳粉 (打磨)指示層

2. 打磨的注意事項

(1) 砂紙番號的切換。打磨出現的砂紙傷痕，要通過更細的砂紙打磨去除，但砂紙的番號不能跳躍 2 番號及以上，否則在除去以前深的磨痕時，需要更多的時間或殘留更深的磨痕。

(2) 打磨區域和方向選擇。只選擇對高的方向或位置打磨，磨高處而不磨低處；從原子灰面開始向舊塗膜方向 (從內側到外側)打磨，如圖2-2-13 所示。另外，用力不均會導致無法形成光滑的面。為了防止過度打磨，要儘量放平打磨機或手磨板，同時不要用太大力壓住，可以借助其自重進行打磨，如圖2-2-14 所示。

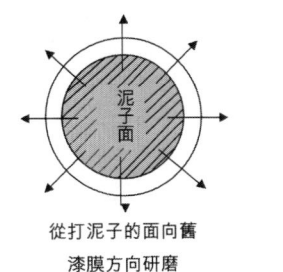

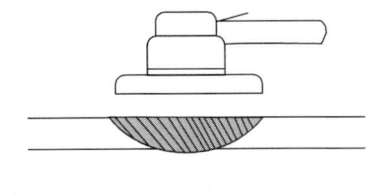

圖2-2-13 打磨方向　　　　　　圖2-2-14 放平打磨機或手磨板

(3) 需戴棉紗手套，不要光著手打磨，否則手指的凹凸會在打磨面上留下波浪。

(4) 微小的圓面或細打磨情況下，當用打磨塊或墊板存在困難時，要使用有彈性的墊塊或海綿墊打磨。

3. 打磨的確認

由於打磨過量會導致成形面過低，就必須要再次刮塗原子灰。因此，打磨過程中對打磨效果的檢查、評估十分重要。具體確認方法：用手掌從補修部位的外側開始，經過成形面，一直觸摸到另一側完好的面為止。確認平整度(凹凸)時，要確認所有的方向(或者反方向的正常面)，如圖2-2-15所示。通常，每往返打磨2～3次就應確認，可防止出現過量打磨現象，保證打磨品質。

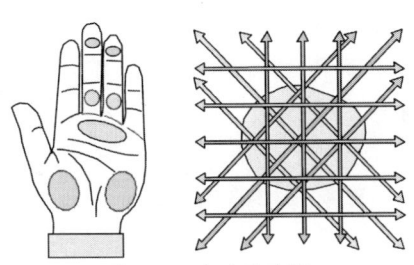

圖2-2-15 打磨的確認

4. 打磨的工藝

(1) 粗打磨。使用雙動作打磨機或手磨板，配合使用乾磨砂紙P80～P120，進行泥子的凸部打磨，打磨不要超過原子灰範圍，並進行大致的找平，如圖2-2-16所示。

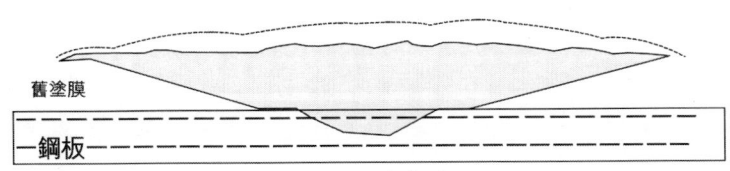

圖2-2-16 粗打磨

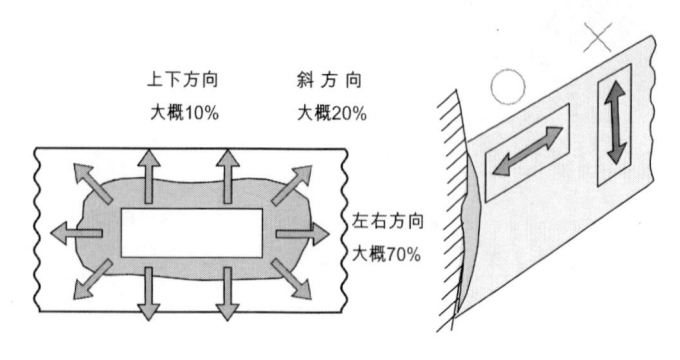

(2) 找平面。使用手磨板手工打磨，配合P120～P180 砂紙，從原子灰的凸部逐漸打磨到原子灰的邊緣。每次打磨、切換砂紙前，都要塗抹碳粉，邊確認邊打磨，直至原子灰面平整，如圖2-2-17 所示。

圖 2–2–17 打磨方向（×錯誤，○正確）

(3) 精加工（消除磨痕）。使用手磨板手工打磨，配合砂紙P180～P240，進一步打磨泥子，逐步向外打磨，形成平滑的灰面和平滑的邊緣。

(4) 補土後羽狀邊成形。

為了使原子灰與原塗層過渡平滑，需進行補土後羽狀邊的打磨。一般使用雙動作打磨機，配合P240～P320 砂紙，對原子灰與原塗層過渡區域打磨，形成寬度為3～5 cm 羽狀邊。

5. 打磨品質的確認

打磨結束後，應檢查原子灰面的品質。檢查內容包括：原子灰面是否平整、光滑，是否存在明顯凹凸，原子灰和舊塗膜的邊界有無層差、有無針孔或者細微的砂紙痕等。如以上問題存在時，應重新刮塗原子灰返工，或填補針孔、砂紙痕。

6. 清潔除油

如打磨效果沒有問題後，可清潔打磨區域。

注意：除油劑不能接觸原子灰。

7. 填補針孔、砂紙痕

用填眼灰擦塗原子灰面的針孔、砂紙痕，可避免中塗底漆後刮塗填眼灰。乾燥10 min 後即可噴塗中塗底漆。

任務實施

一、作業準備

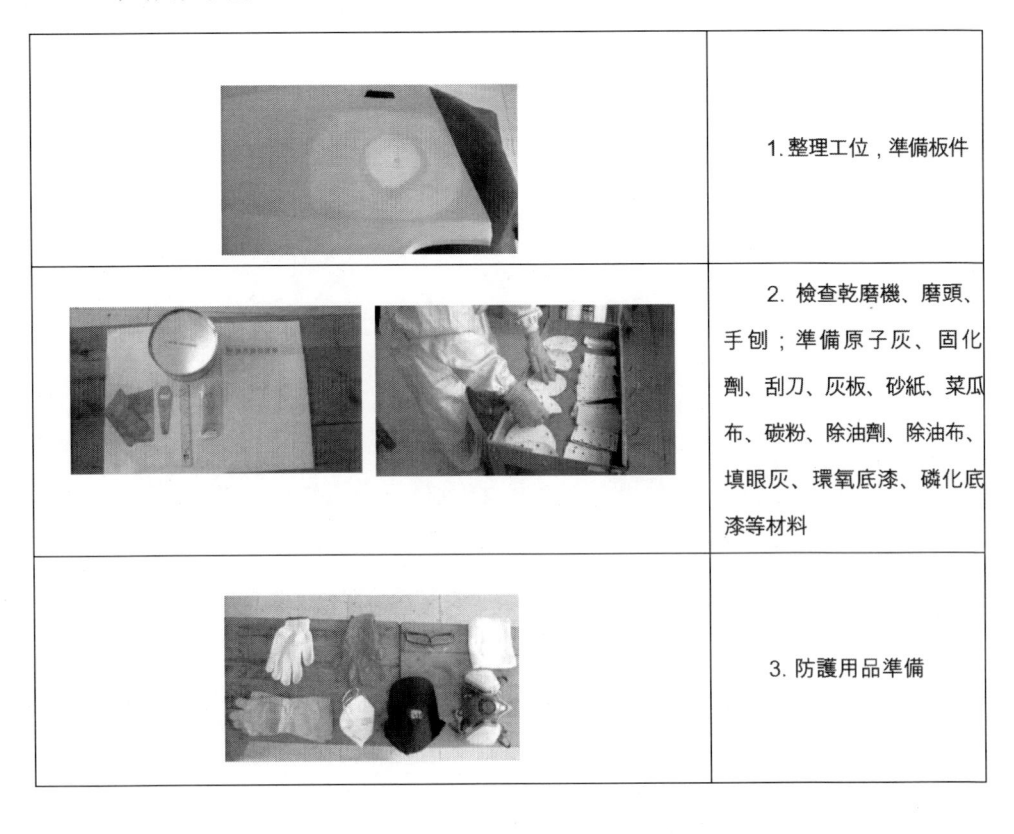

	1.整理工位，準備板件
	2.檢查乾磨機、磨頭、手刨；準備原子灰、固化劑、刮刀、灰板、砂紙、菜瓜布、碳粉、除油劑、除油布、填眼灰、環氧底漆、磷化底漆等材料
	3.防護用品準備

二、操作步驟

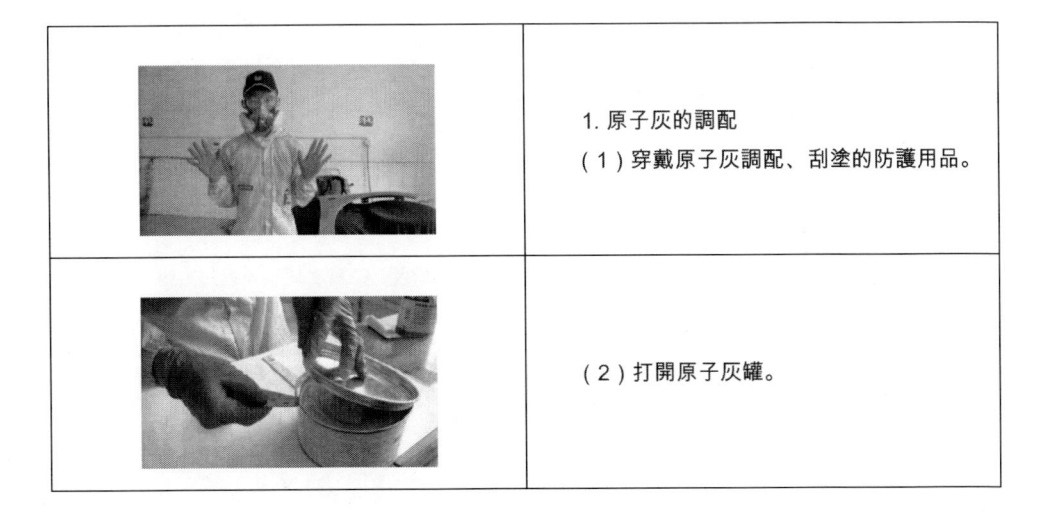

	1.原子灰的調配 （1）穿戴原子灰調配、刮塗的防護用品。
	（2）打開原子灰罐。

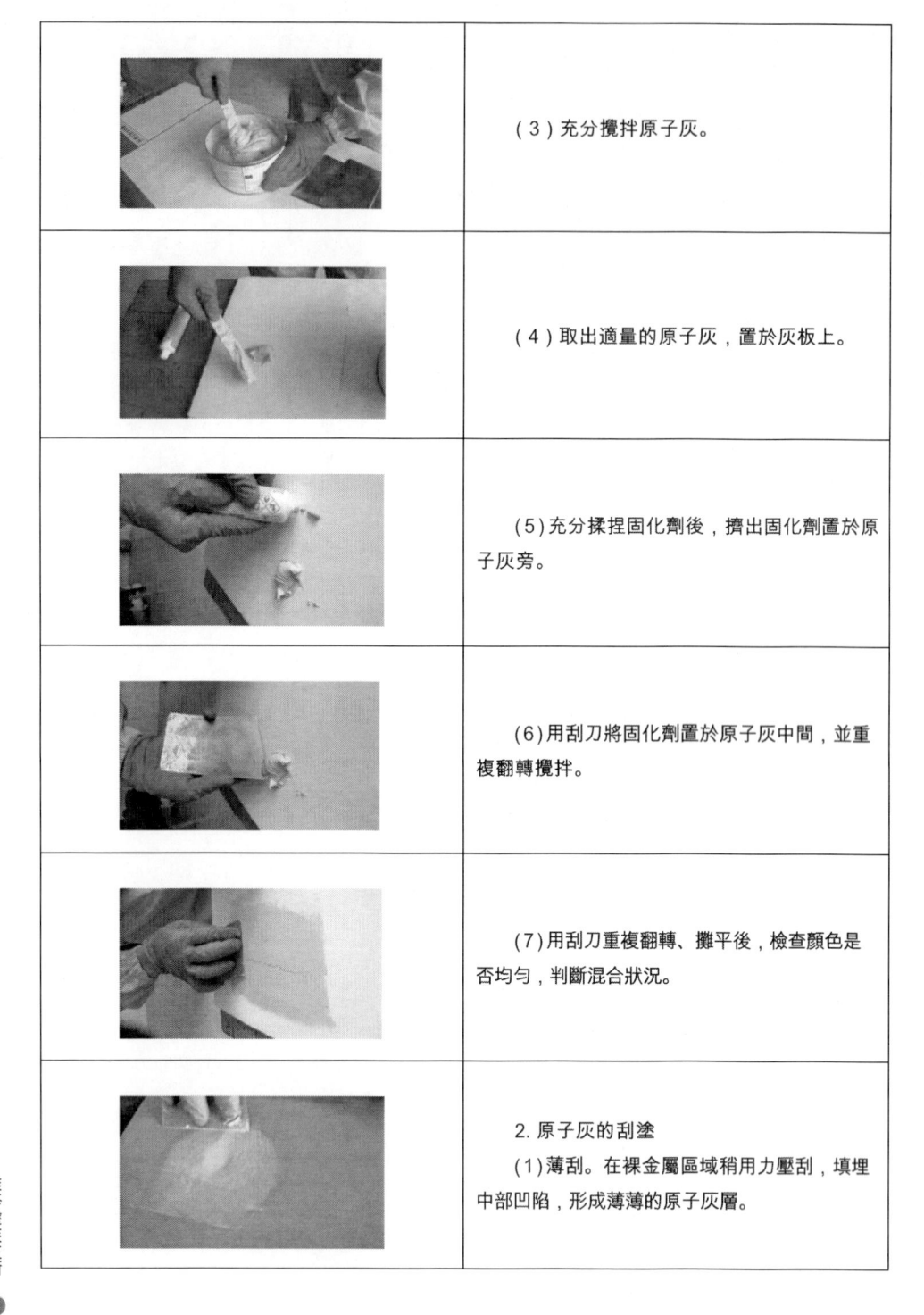

	（3）充分攪拌原子灰。
	（4）取出適量的原子灰，置於灰板上。
	（5）充分揉捏固化劑後，擠出固化劑置於原子灰旁。
	（6）用刮刀將固化劑置於原子灰中間，並重複翻轉攪拌。
	（7）用刮刀重複翻轉、攤平後，檢查顏色是否均勻，判斷混合狀況。
	2. 原子灰的刮塗 （1）薄刮。在裸金屬區域稍用力壓刮，填埋中部凹陷，形成薄薄的原子灰層。

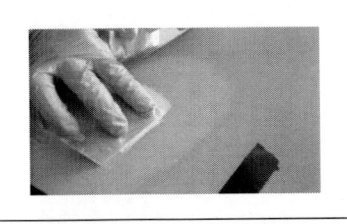

(2)填平。在羽狀邊範圍刮塗，基本填平凹陷區域。

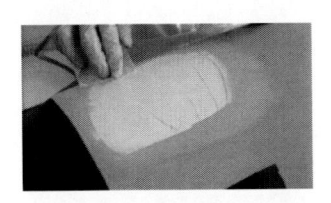

(3)精加工。先輕刮表面，稍向外擴大範圍，約高於原塗層，灰面平整。

(4)再刮四周邊緣，形成與原塗層平滑的過渡，直至原子灰成形。

提示：原子灰刮塗區域不能超過打磨區域。

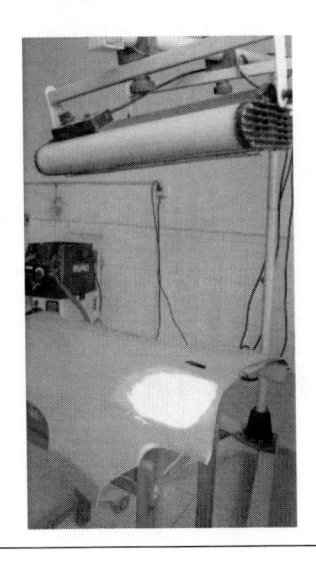

3. 原子灰的乾燥

(1) 採用紅外線烤燈烘烤3～5 min。

(2) 可用砂紙打磨原子灰，檢查乾燥情況。

	4.整理原子灰罐，及時清洗刮刀、攪拌棒等 （1）穿戴接觸溶劑的防護用品。
	（2）清洗刮刀、攪拌棒。
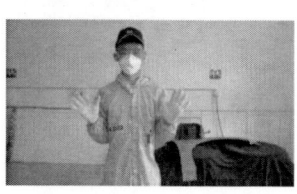	5.原子灰的打磨 （1）穿戴打磨防護用品。
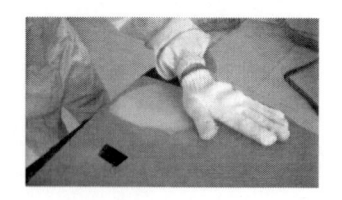	（2）檢查原子灰的刮塗狀態。

（3）塗碳粉。

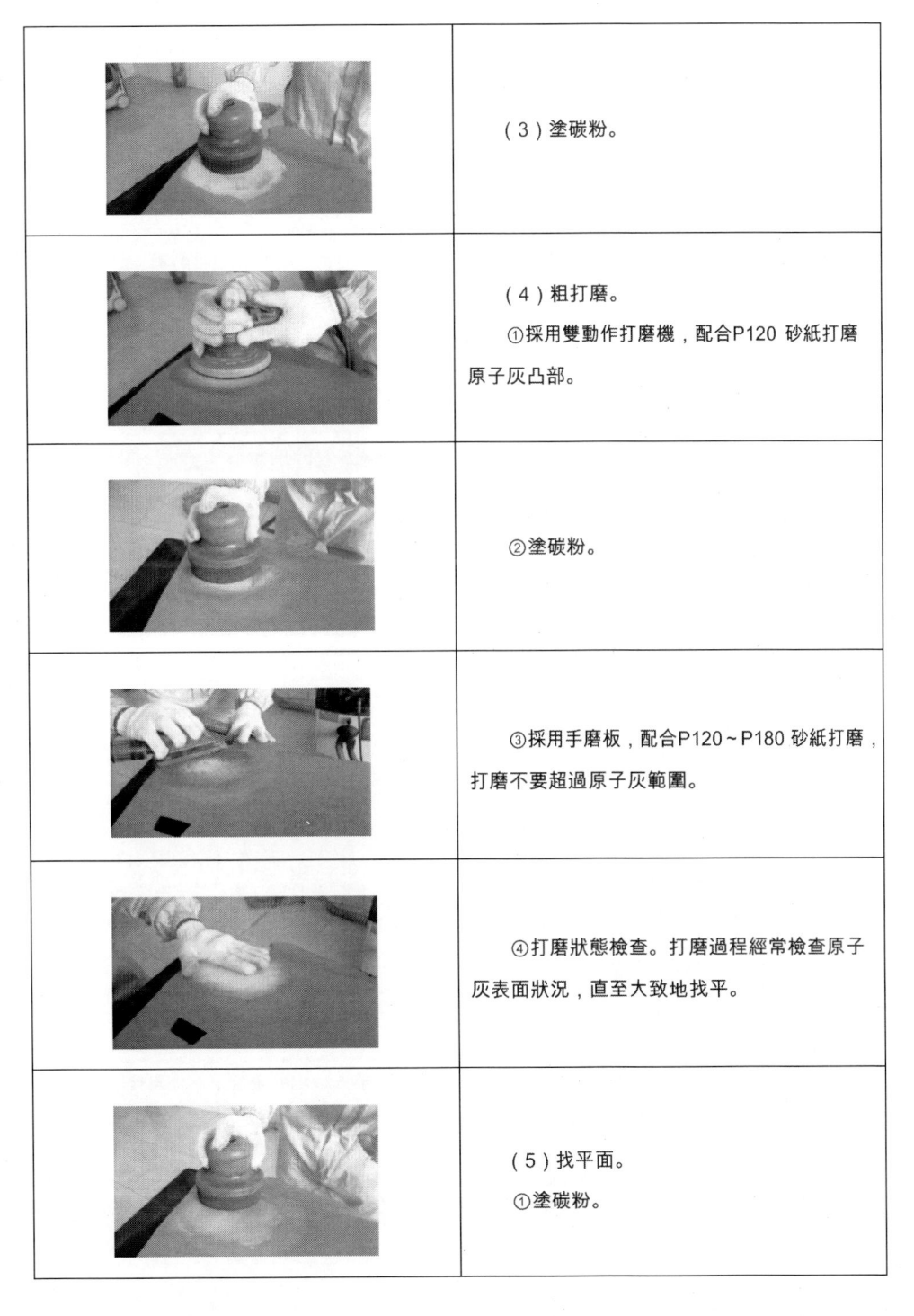

（4）粗打磨。
①採用雙動作打磨機，配合P120 砂紙打磨原子灰凸部。

②塗碳粉。

③採用手磨板，配合P120～P180 砂紙打磨，打磨不要超過原子灰範圍。

④打磨狀態檢查。打磨過程經常檢查原子灰表面狀況，直至大致地找平。

（5）找平面。
①塗碳粉。

②使用手磨板手工打磨，配合P180 砂紙打磨。從原子灰的凸部逐漸打磨到原子灰的邊緣。

③邊確認邊打磨，直至原子灰表面平整。

(6)精加工 (消除磨痕)。使用手磨板手工打磨，配合P240 砂紙打磨。
①塗碳粉。

②進一步打磨泥子，逐步向外打磨。

③邊確認邊打磨，直至形成平滑的灰面和圓滑的邊緣。

(7)補土後羽狀邊成形。使用雙動作打磨機，配合P240 砂紙，對原子灰與原塗層過渡區域進行打磨，形成寬度為3～5 cm 羽狀邊。

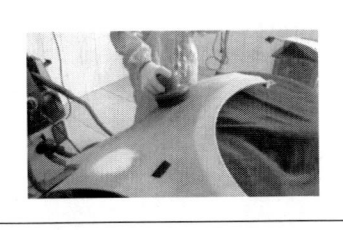

6. 整板打磨。
(1) 塗碳粉。

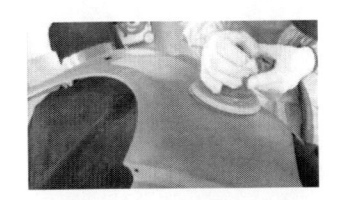

(2) 使用雙動作打磨機，配合P320 砂紙，進行整板面打磨。

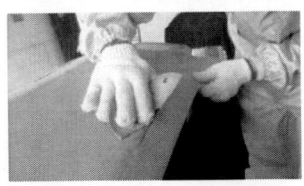

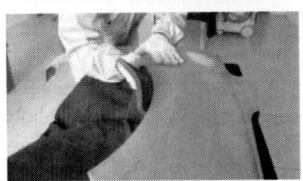

(3) 使用P320 砂紙或紅色菜瓜布打磨邊角處。

(4) 吹塵、除油清潔。
①使用吹槍除去工件表面灰塵，尤其要除去原子灰面上的灰塵。

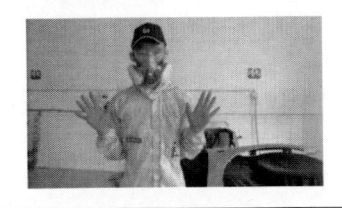

②除油清潔。
穿戴除油防護用品。

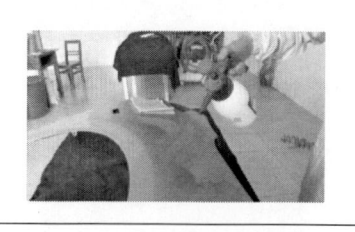	③採用乾濕法徹底清潔。 小提示：除油劑不能接觸原子灰。
	7. 施塗填眼灰 （1）用除油布取出填眼灰。
	（2）在原子灰區域擦塗填眼灰。
	8. 整理結束工作

任務檢測

一、選擇題

1. 普通原子灰的刮塗厚度範圍一般是（　　）。
   A. 1~3 mm　　　B. 2~4 mm　　　C. 3~5 mm　　　D. 5 mm
2. 調配原子灰時，固化劑的用量一般是原子灰品質的（　　）。
   A. 2%~4%　　　B. 3%~5%　　　C. 1%~3%　　　D. 1.5%~2.5%

二、判斷題

1. 乾磨手刨主要用於原子灰、中塗底漆的粗打磨。　　　　　　　　　（　　）

2. 乾磨主要使用乾磨機打磨，難以機磨的位置使用手工乾磨。　　（　　）
3. 雙動作打磨機較單動作打磨機的切削力強。　　（　　）
4. 無論使用何種打磨機，都需要將打磨機放在工件表面再啟動。　　（　　）

任務評價

班級：		姓名：			
評價內容	過程性評價		終結性評價	持續發展性評價	評價人
知識評價					自評
					互評
					教師評價
					總評
技能評價					自評
					互評
					教師評價
					總評
情感評價					自評
					教師評價
					企業評價
					總評

任務拓展

衝壓直線的原子灰刮塗方法

車身板件上的衝壓直線部位需要修補時，需要用原子灰刮塗出一條直的線條才可以恢復輪廓。可採用以下方法進行，如圖2-2-18所示。

(1) 沿著衝壓線貼上遮蔽膠帶，並在其反面刮塗原子灰。
(2) 在原子灰硬化之前，將遮蔽膠帶剝落。
(3) 原子灰硬化後，沿著原子灰上的衝壓線，再貼遮蔽膠帶。
(4) 在反面刮塗原子灰，並在原子灰硬化之前，將遮蔽膠帶剝落。

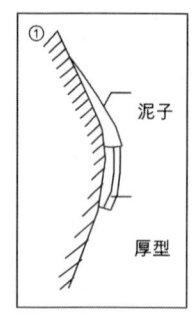

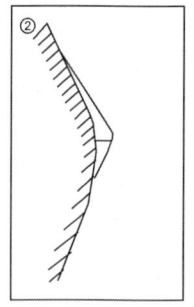

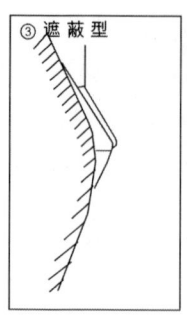

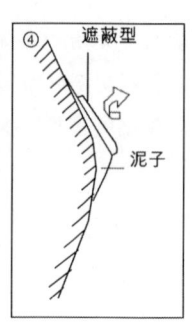

圖2-2-18 修補衝壓直線部位

　　如果板件上的衝壓直線部位損傷嚴重，凹陷明顯，原子灰填塗過厚，會在衝壓直線部位產生應力，發生裂紋。因此，可將原子灰硬化後進行打磨處理，然後刮抹原子灰，反復多次即可恢復成形。

項目三　中塗處理工藝

任務一　中塗底漆噴塗

任務目標

目標類型	目標要求
知識目標	(1) 能理解中塗底漆的作用、類型 (2) 能說明中塗底漆的調配 (3) 能描述中塗底漆噴塗前的遮蔽方法 (4) 能描述中塗底漆噴塗的方法 (5) 能描述中塗底漆噴塗的品質要求
技能目標	(1) 能熟練選用、調配中塗底漆，正確選用中塗底漆的灰度值 (2) 能熟練實施遮蔽貼護作業 (3) 能熟練完成中塗底漆噴塗作業 (4) 能正確實施中塗底漆乾燥作業
情感目標	(1) 具有作業現場的""5S"習慣 (2) 養成個人防護安全、環保觀 (3) 養成作業品質、效率觀

任務描述

對已完成前處理工藝的修補板件或更換板件，應該實施中塗底漆的噴塗作業，為後面的中塗底漆打磨和麵漆作業打下基礎。

任務準備

一、中塗底漆的作用

中塗底漆也稱為""二道漿""二道底漆""，是底漆塗層和麵漆塗層間的底漆。中塗底漆塗層是面漆前的最後一道塗層，位於面漆之下，其作用是增強塗層間的附著力；封閉和隔絕下面塗層，防止面漆向下滲透產生塗膜缺陷，提高防腐蝕性能；中塗底漆具有耐腐蝕性，對車身具有良好的防腐蝕作用；具有填充細小針孔、劃痕的作用；具有提高面漆平整度、豐滿度的作用。總之，中塗底漆是面漆施工的基礎。其性能要求如下：

(1) 應有良好的配套性，提供良好的附著力。由於中塗底漆是底漆層、原子灰層、舊塗層與面漆層間的中間媒介層，因此，必須保證底漆層和麵漆層間的附著力和配套性。

(2) 應有良好的封閉和隔絕性、耐溶劑性。能防止底漆層、原子灰層、舊塗層與面漆層間的相互滲透、溶解，保證正常作業和麵漆效果。

(3) 應有良好的耐腐蝕性。保證對車身具有良好的防腐蝕作用。

(4) 應有良好的填充性、打磨性和耐水性。能填充細小針孔、劃痕和砂痕；打磨硬度適當，打磨平滑，滿足面漆平整度、豐滿度的要求。

(5) 應有良好的施工性能，包括施工環境溫度、濕度的適應等。

二、中塗底漆的類型

不同廠家有不同的配套中塗底漆種類，其名稱和特徵不同。中塗底漆按塗料性質可分為單組分、雙組分中塗底漆；按成膜物質（樹脂）可分為硝基中塗底漆、環氧中塗底漆和丙烯酸聚氨酯中塗底漆等。中塗底漆的一般性能見表3-1-1。

表3-1-1 中塗底漆的類型、性能和應用

序號	類型	使用性能	應用
1	硝基中塗底漆	屬於單組分，乾燥快，便於打磨，但成膜塗層薄，填充性、附著力、隔絕性、耐候性差	只適合小面積修補噴塗
2	環氧中塗底漆	多為雙組分，防銹性突出，填充性、附著力、耐溶劑性、機械強度好，但乾燥慢，大多需要短波紅外線烤燈烘烤15 min	既可作為底漆使用，也可作為中塗底漆使用，還可作為底漆、中塗底漆二合一使用；尤其適合對裸露金屬的工件打底使用
3	丙烯酸聚氨酯中塗底漆	為雙組分，填充性、附著力、防銹性好，耐水性、耐熱性好，乾燥較快，打磨性較好，對面漆保光性好	在汽車修補塗裝中廣泛使用，可用於底漆層、原子灰層、舊塗層之上

注意（1）單組分硝基中塗底漆由於不能添加柔軟劑降低柔韌性，所以不能用於保險杠塑膠件，否則容易形成漆膜開裂、脫落。目前，多採用塗裝性能優良的厚膜雙組分聚氨酯系列中塗底漆。(2)為了保證底漆層和麵漆層間的附著力和配套性，選用中塗底漆應以廠家配套產品要求和底層材料、塗層類型為依據。(3)中塗底漆處理方法以及施工要領應按廠家產品要求來實施。

硝基系列和聚氨酯系列中塗底漆的差異見表3-1-2。

表3-1-2 硝基系列和聚氨酯系列中塗底漆的差異

性能類型	硝基系列（單組分型）	聚氨酯系列（雙組分型）
附著力	差	優良
防銹力	差	優良
吸入防止性	差	優良
乾燥性	優良	一般
研磨性	優良	一般
點修補性（針對硝基舊塗膜）	優良	差
備註	①劣化的舊塗膜上，使用聚氨酯系列的中塗底漆 ②舊塗膜為硝基系列的情況下，不進行補漆，而進行區別塗裝	

三、中塗底漆前遮蔽

在中塗底漆噴塗前，為了保證底漆漆霧不會沾在多餘的地方，必須要進行遮蔽。一般採用遮蔽紙、膠帶材料，在前處理作業完成後，貼上遮蔽紙，用膠帶固定。具體工藝流程為：

(一)清潔除油

清潔受損部位及其周邊，即對噴塗區域及周邊進行清潔除油。

(1) 用吹塵槍吹除打磨的粉塵。

(2) 用除油劑清潔除油。

注意：不要使用髒汙的紙、抹布在乾淨的面上擦拭。

(二)遮蔽

1. 遮蔽作用

為了保證底漆漆霧不會沾在多餘的地方，要進行遮蔽。一般而言，當遮蔽的邊緣是車燈、裝飾條、密封條、把手等邊界時，沿這些邊界貼護遮蔽；當遮蔽的邊緣是在修補板件面上，必須要採用反向遮蔽，防止中塗底漆噴塗後出現"臺階"現象。"臺階"會造成打磨時間和打磨成本增加，還會因為打磨不徹底，在中塗底漆周圍出現層差，形成面漆後中塗底漆的邊界痕跡，影響修補效果。

2. 反向遮蔽

就是將遮蔽紙由噴塗區域向外反折，使遮蔽紙反卷向外形成圓弧，從而避免噴塗"臺階"出現。如圖3-1-1所示。

圖3-1-1 反向遮蔽　　　　　　　　圖3-1-2 遮蔽範圍

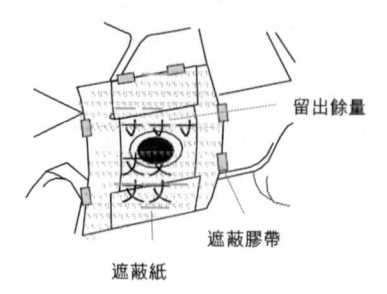

3. 遮蔽範圍

要正確選擇貼護邊緣位置，一般而言，選擇在原子灰羽狀邊範圍內，要能蓋住原子灰打磨的劃痕，不要太靠近原子灰修補區，要保證各修補塗層的過渡平滑。如圖3-1-2所示。

注意：為了防止塗裝時的氣流使遮蔽紙翻邊、脫落，要在遮蔽紙的周圍貼上膠帶。

四、中塗底漆噴塗方法

(一)中塗底漆的配比

(1) 中塗底漆顏料多，而且顏料的粒徑也大，容易沉澱，所以要充分攪拌後，再取出所需要的量。

(2) 按品質比調配的中塗底漆，一定要使用計量器，將指定的稀釋劑混入，並進行充分的攪拌。按體積比調配的中塗底漆，應使用量杯和比例尺。

(3) 選擇稀釋劑不僅要考慮溫度，還要根據作業區域的風量、濕度等各個條件，控制合適的稀釋黏度。

注意：調配前須參考各產品廠家的使用說明書。

(二)中塗底漆的過濾

混合攪拌後的中塗底漆，用紙漏斗進行過濾，並把噴壺裝入噴槍。所用濾網細度的選擇，應依據各塗料廠家所指定的產品和要求來確定。中塗底漆的過濾如圖3-1-3所示。

(三)中塗底漆的噴塗

由於中塗底漆噴塗後需要打磨找平，形成平滑一致的板面，為面漆作業打下基礎，要求噴漆時膜厚應偏大，保證打磨後保留一定膜厚；要求噴漆時漆膜均勻、"橘皮"正常等。因此，需要正確地選擇噴塗方法。中塗底漆按施工方式的不同，分為噴灰和噴塗；按噴塗區域面積大小的不同，分為整板和局部中塗底漆的噴塗。

圖3-1-3 中塗底漆的過濾

(1) 整板噴塗。更換的新整板噴塗時，當面板前處理品質很好時，可採用濕碰濕方式噴塗2～3層即可。

(2) 局部中塗底漆的噴塗。可按圖3-1-4所示方法實施：

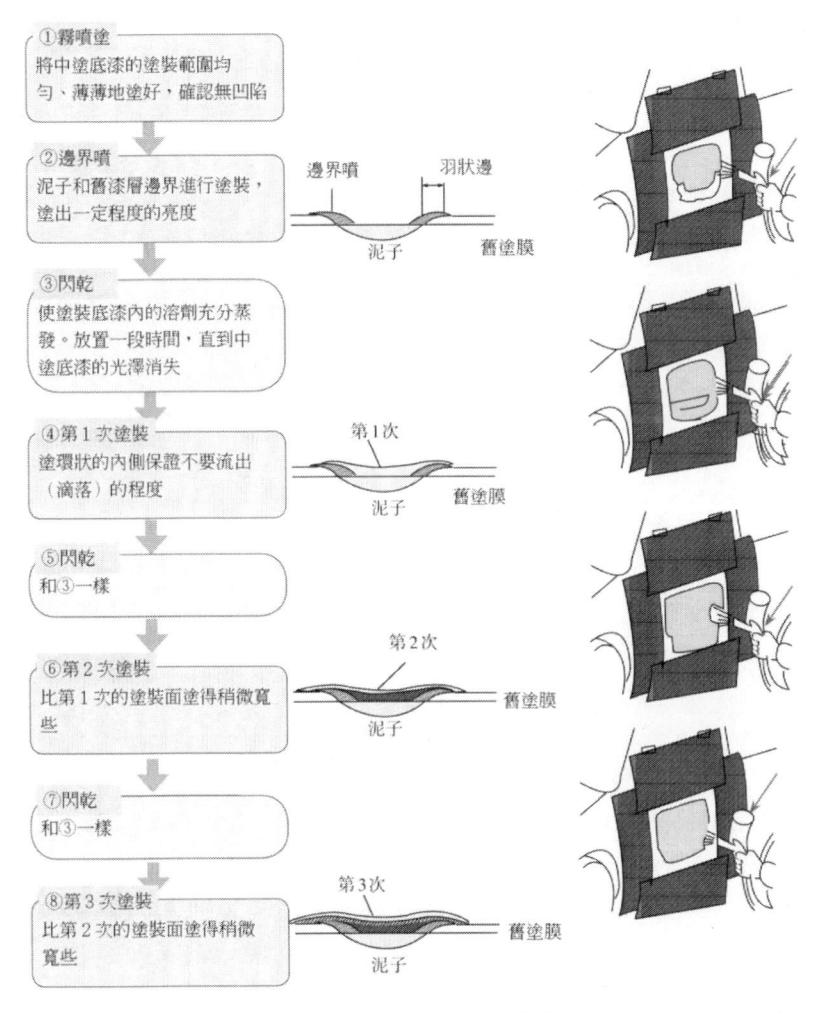

圖3-1-4 局部中塗底漆的噴塗方法

注意：泥子形成部位的幾個位置分散在附近的情況，各個泥子的形成部位分別取一定的間隔，進行2次噴塗；第3次噴塗後，將整體都連接起來，再噴2～3次。

泥子形成部位分散的中塗底漆噴塗方法如圖3-1-5 所示。

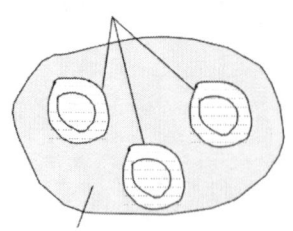

第 1～2 次的中塗底漆

第 3～4 次的中塗底漆

圖3-1-5 泥子形成部位分散的中塗底漆噴塗方法

(3)本來屬於局部原子灰修補，但按產品要求需整板噴塗時，可按照上述 (2)的方法在原子灰修補區域噴塗1～2層，然後按 (1)的整板噴塗方法，採用濕碰濕方式噴塗2 層即可。

(四)中塗底漆的乾燥

中塗底漆打磨前必須使其充分乾燥，否則會造成打磨砂紙沾上塗料而使打磨困難，也會形成面漆後的漆膜缺陷。一般中塗底漆的乾燥方式分為自然乾燥和低溫烘烤乾燥。氣溫較低時或為了縮短乾燥時間，多採用紅外線烤燈烘烤。不同中塗底漆乾燥時間要求見表3-1-3。

表3-1-3 中塗底漆的乾燥

中塗底漆類型	自然乾燥（20～25 ℃）	低溫烘烤乾燥（60～70 ℃）
硝基類	30 min 以上	10～15 min
聚氨酯類	180 min 以上	20～30 min
環氧類	180 min 以上	30 min 以上

中塗底漆的乾燥具體工藝為：
(1) 清除遮蔽紙和膠帶。將靜置完全閃乾後板件上的遮蔽紙和膠帶撕去。
(2) 紅外線烤燈烘烤。

注意：紅外線烤燈的烘烤時間、溫度、距離必須做好調整。噴塗完成，進行強制乾燥的話，一定要靜置一段時間後加熱。乾燥溫度和時間根據實際情況調整，請參考各塗料廠家的使用說明書進行確認。

(五) 中塗底漆噴塗品質檢查和缺陷處理

中塗底漆完全乾燥後應檢查塗層品質，主要包括以下幾方面：

(1)首先檢查原子灰修補區域狀況，如原子灰修補不能完全填充恢復形狀，建議返工至原子灰修補作業工序；如果原子灰修補區域狀況良好，按以下專案內容檢查。

(2) 塗膜厚度符合要求。一般為80～120 μm，塗膜均勻一致；如塗膜太薄容易打磨露底，建議重新噴塗中塗底漆。

(3) 無流掛、流痕。如塗層出現流掛、流痕，在打磨時必須首先處理，否則會造成打磨難度增加。

(4) 塗層表面平滑、不粗糙，便於打磨，能夠保證打磨後的效果。

(5) 塗層表面無針孔、劃痕。如塗層表面出現針孔、劃痕，需進行填補作業。

注意：硝基類泥子可用于中塗底漆乾燥後，在表面上填補細微的砂眼和砂紙痕。但一定要按照硝基泥子的作業要領進行，硝基泥子一旦加厚，就不容易乾燥，容易脫落，所以要避免。厚度大時，要在限度厚膜（0.1 mm）以內，分2～3次進行。

任務實施

一、作業準備

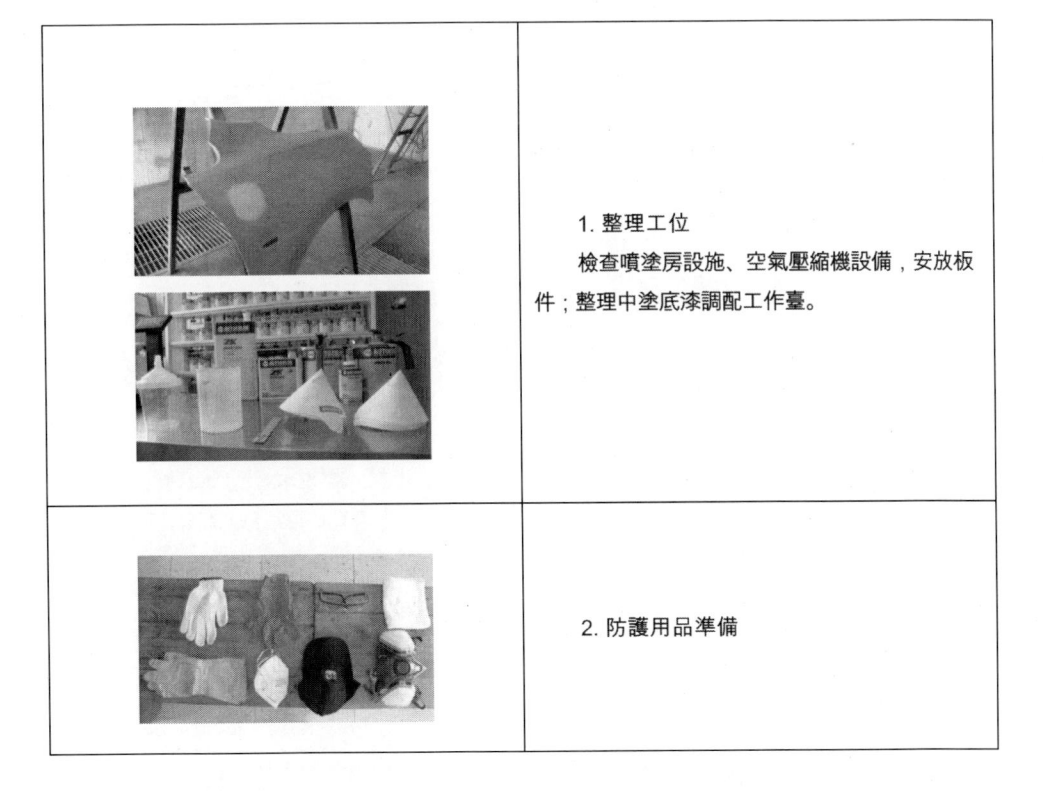

	1. 整理工位 檢查噴塗房設施、空氣壓縮機設備，安放板件；整理中塗底漆調配工作臺。
	2. 防護用品準備

二、操作步驟

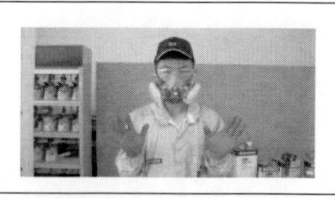	1. 穿戴防護用品
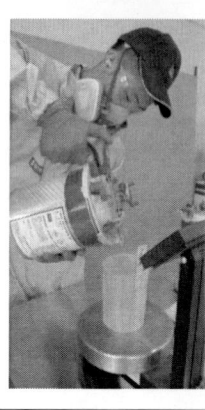 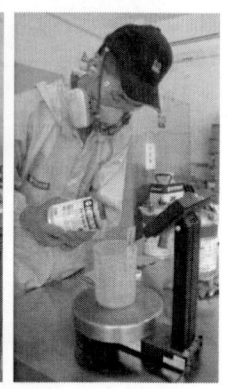	2. 灰度選擇和調配中塗底漆 （1）依據面漆或其配方說明，選擇灰度值，並正確配置需要灰度的中塗底漆。
 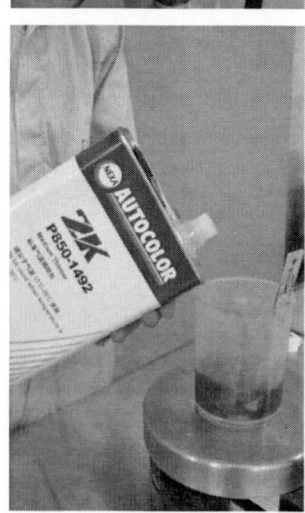	（2）依據產品要求，正確添加中塗底漆及固化劑、稀釋劑。 提示：應參照產品說明的中塗底漆、固化劑、稀釋劑的比例進行體積或品質配比；稀釋劑的選用應按照氣溫高低選擇不同型號。

3. 攪拌、過濾和裝槍

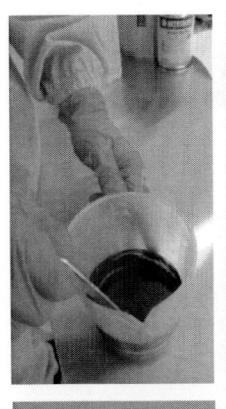

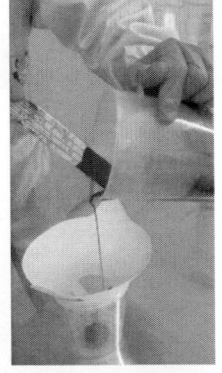

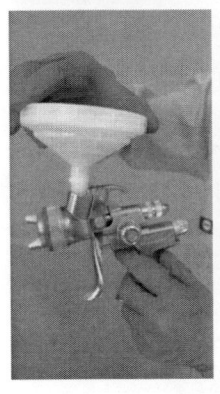

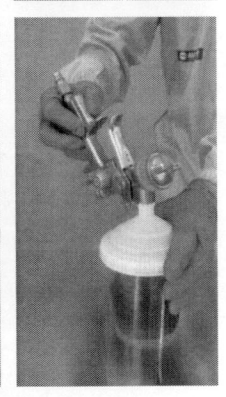

提示：濾網細度的選擇應符合產品要求。

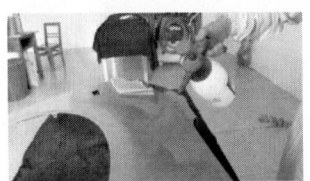

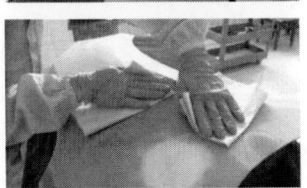

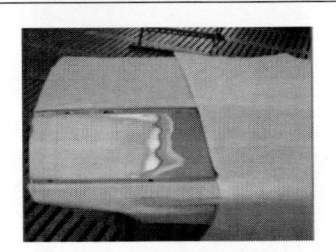

4. 除油清潔

乾濕法除油，除掉板件表面的油污、灰塵等雜物，保證噴塗品質。

提示：原子灰不能接觸除油劑，避免吸附後咬底；要求除油徹底、清潔。

5. 反向遮蔽貼護

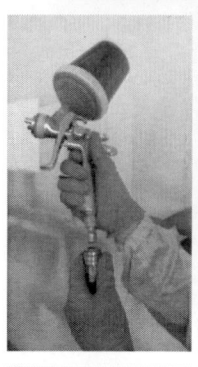

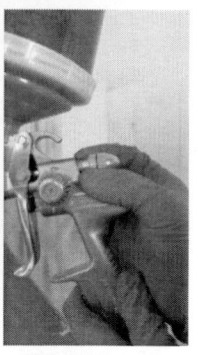

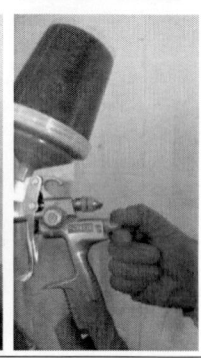

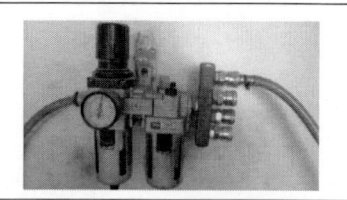	6. 檢查噴塗高壓空氣氣壓、管路氣壓強度、穩定性滿足噴塗要求，空氣過濾效果好，管路連接良好。
	7. 連接氣管，調整噴槍 調整噴槍出漆量、噴幅、氣壓 (槍尾氣壓)。 提示：一般選用口徑為1.6～2.0 mm的底漆噴槍；噴槍設定參數應參照廠家產品說明。
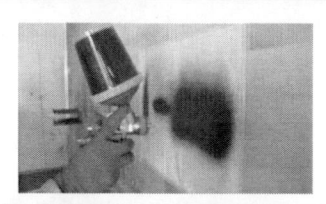	8. 噴塗調試 檢查噴槍性能，試噴塗調整、檢查噴塗效果。
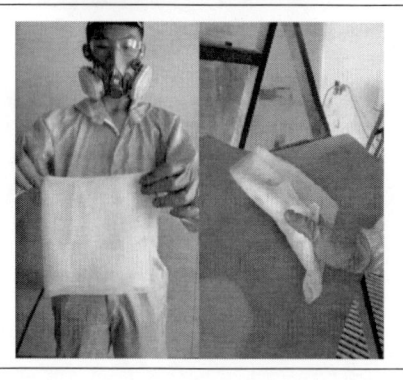	9. 粘塵 將粘塵布完全展開後，再反向折疊，把板件表面及邊角粘塵乾淨。

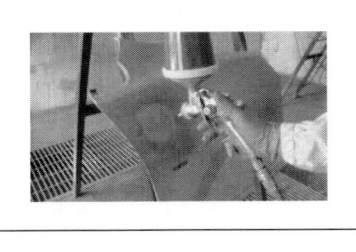

10. 噴塗中塗底漆

（1）霧噴。在原子灰區域進行霧噴，提高附著力。

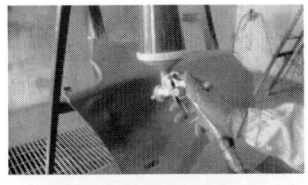

（2）噴原子灰區域第一層，並閃幹 3～5 min 至半亞光。

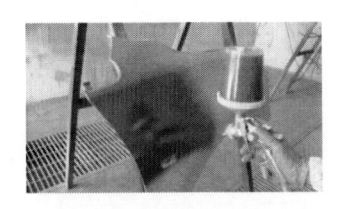

（3）噴原子灰區域第二層，並閃幹 3～5 min 至半亞光。

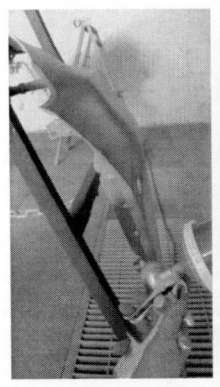

（4）噴板件邊角。

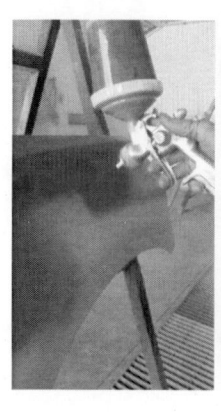 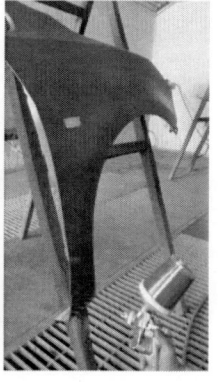	（5）整板濕噴 2～3 層，每層需閃乾 3～5 min 至半亞光。
 	（6）噴塗板件面並檢查。 提示：每噴一次，應對噴塗面的效果進行檢查，便於調整後面的噴塗，保證噴塗效果。
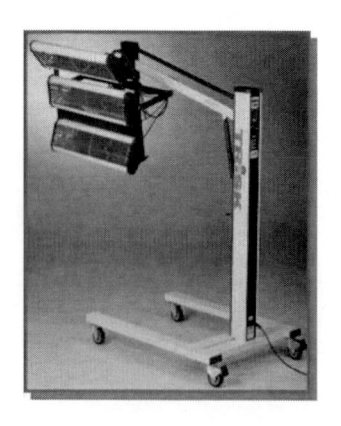	11. 短波紅外線烤燈烘烤15 min 左右，烤乾中塗底漆

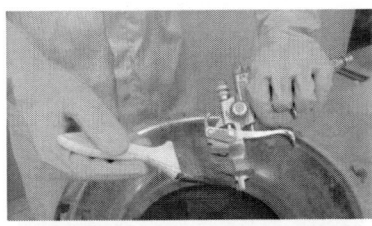

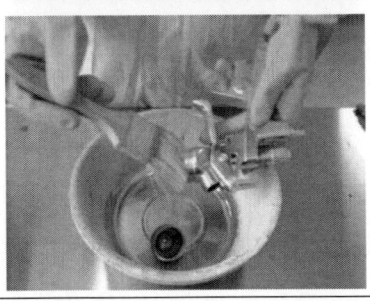

12. 整理工作

(1) 整理噴漆房。收起管路，清除試槍紙等。

(2) 清洗噴壺、噴槍。

提示：剩餘的中塗底漆料、清洗噴壺和噴槍的塗料務必按環境保護要求回收，不可隨便傾倒。

任務檢測

一、選擇題

1. 對遮蔽膠帶的要求，描述不正確的是(　　)。
   A. 要能耐60～80 ℃的高溫
   B. 能抗溶劑
   C. 耐磨

2. 目前中塗底漆或自流平中塗底漆的灰度數量有(　　)。
   A. 3個　　　　　　　　B. 5個　　　　　　　　C. 7個

3. 如果噴塗雙工序金屬漆，中塗底漆的最後打磨需要使用的砂紙型號是(　　)。
   A. P320　　　　　　　B. P400　　　　　　　C. P500

4. 關於反向遮蔽的目的，下列描述正確的是(　　)。
   A. 最大限度地減小噴漆界限　　B. 易於揭掉遮蓋物　　C. 防止噴塗臺階

二、判斷題

1. 中塗底漆噴塗需使用噴槍口徑為1.3~1.6 mm 的噴槍。　　　　(　　)
2. 噴塗免磨中塗底漆的時候，噴塗的氣壓需要略低於普通的中塗底漆。(　　)
3. 單組分底漆可以噴塗在塑膠保險杠上。　　　　　　　　　　(　　)
4. 噴塗時，噴槍需要與工件表面保持垂直並保持合理距離。　　(　　)

任務評價

評價內容	過程性評價	終結性評價	持續發展性評價	評價人
知識評價				自評
				互評
				教師評價
				總評
技能評價				自評
				互評
				教師評價
				總評
情感評價				自評
				教師評價
				企業評價
				總評

任務拓展

中塗底漆的灰度及選配

由於所有的顏色都有灰度值，當中塗底漆顏色的灰度值與將要噴塗的面漆顏色的灰度值最為接近時，面漆最容易遮蓋住中塗底漆，從而，減少面漆的使用量，縮短施工時間。所以，採用和麵漆灰度值一致的中塗底漆十分重要，可以降低面漆成本和提高施工效率。下面以龐貝捷塗料(上海)有限公司使用的不同灰度的中塗底漆來說明。

一、灰度的調配

龐貝捷塗料(上海)有限公司開發了三種中塗底漆產品，相互之間按一定比例還可以調配出不同灰度的中塗底漆來使用。龐貝捷塗料(上海)有限公司開發了產品編號為P565-511、P565-510、P170-5670的三種中塗底漆，可以調配出SG01-SG07共7種灰度，見表3-1-4。

表3-1-4 7種灰度中塗底漆

產品編號	SG01	SG02	SG03	SG04	SG05	SG06	SG07
P565 - 511	100	95	80	50	0	0	0
P565 - 510	0	5	20	50	100	99	92
P170 - 5670	0	0	0	0	0	1	8

二、灰度的選用

　　塗料廠家一般在塗料編碼中有表示灰度的編號，方便中塗底漆灰度的選用。一般在面漆顏色配方中提供了該顏色的灰度值，可依據面漆顏色灰度值選擇使用對應灰度的中塗底漆。

任務二　中塗底漆打磨

任務目標

目標類型	目標要求
知識目標	(1) 能理解中塗底漆打磨的作用 (2) 能描述中塗底漆打磨設備、工具和材料的作用、類型和使用方法 (3) 能描述中塗底漆打磨的方法 (4) 能描述中塗底漆打磨品質要求
技能目標	(1) 能熟練使用中塗底漆打磨設備、工具和材料 (2) 能按照中塗底漆打磨流程熟練操作打磨作業 (3) 能正確檢查中塗底漆打磨效果
情感目標	(1) 具有作業現場的""5S"習慣 (2) 養成個人防護安全、環保觀 (3) 養成作業品質、效率觀

任務描述

對已完成中塗底漆噴塗並乾燥的車身修補板件進行打磨作業，形成平滑的面漆噴塗表面，用以保證附著力，為面漆效果打下基礎。

任務準備

一、中塗底漆打磨的作用

中塗底漆噴塗、乾燥後，一般要實施中塗底漆打磨作業。通過打磨形成清潔、平滑的面漆噴塗的板面，以保證和麵漆層間良好的附著力，保證修補塗層的防腐能力，為面漆提供平滑的基礎。

注意:如果是新換的板件，並採用免磨的中塗底漆可以不進行打磨作業。

二、中塗底漆打磨的設備、工具和材料

(一)中塗底漆打磨的設備、工具

根據面積大小，中塗底漆打磨一般是使用手磨板、墊板，全程手工打磨的方法，或者是找面之前用打磨機，之後用手工打磨的方法。中塗底漆打磨目前普遍採用乾磨系統，可保證打磨效果和提高效率。如路貝斯干磨系統，採用偏心距為3 mm 的雙作用乾磨機，一般配用中間軟墊，主要用作板面區域的打磨。另外，手刨可以和P240、P320 砂紙配合使用，主要用於中塗底漆流痕、流掛的處理和原子灰修補區的平整打磨。

(二)中塗底漆打磨的常用材料

(1) 砂紙。乾磨機磨頭一般採用P400（單工序面漆或雙工序純色漆）、P500（雙工序金屬漆），而手刨多和P240、P320 砂紙配合使用。

(2) 精磨砂棉、灰色菜瓜布。主要採用P800、P1000 精磨砂棉或灰色菜瓜布打磨邊角等難以打磨的區域，確保面漆噴塗區域的徹底打磨。

(3) 碳粉。主要用於打磨效果的顯示作用，使用碳粉可以很簡單地進行打磨確認，每次切換砂紙時都要進行。

三、中塗底漆打磨的方法

(一)中塗底漆打磨前的檢查

(1) 原子灰修補效果的檢查。
(2) 中塗底漆噴塗品質的檢查。
(3) 中塗底漆乾燥狀況的檢查。

(二)中塗底漆的打磨

中塗底漆和填眼灰乾燥後要進行打磨，促使表面平滑，保證面漆作業需要。打磨所使用的砂紙的番號，根據面漆使用的塗料和麵漆工藝來決定。砂紙番號的切換原則是前一步打磨出現的磨痕，下一步用細的砂紙打磨，砂紙的番號不能跳躍2 番號及以上。

注意：如果砂紙的番號跳躍2 番號及以上，除去以前的深磨痕需要更多的時間，或殘留深磨痕的可能性很高。

打磨作業一般分為粗打磨、找平面、精打磨（消除砂紙痕）3個環節。一般的施工工藝為：

(1) 清潔除油。
(2) 流痕、流掛的處理和原子灰修補區的平整打磨。
(3) 乾磨機磨頭配合P400（單工序面漆或雙工序純色漆）、P500（雙工序金屬漆）砂紙打磨板面。
(4) 精磨砂棉、灰色菜瓜布或P400、P500 砂紙打磨板件邊角。
(5) 清潔除油。

(三)中塗底漆打磨品質檢查及缺陷處理

打磨後必須進行打磨品質的確認檢查，主要包括以下內容：

(1) 要求打磨徹底無""橘紋"，打磨面平滑且邊緣呈羽狀、無臺階。
(2) 沒有明顯砂紙痕、劃痕和砂眼。
(3) 底層或泥子、金屬鋼板未有露出。
(4) 邊角平滑、整形效果好。

注意：如果中塗底漆噴塗品質、打磨品質差，必須進行合理的返工作業。如果泥子、鋼板有露出的話，需要清潔除油後，重新噴塗中塗底漆，重新打磨。

任務實施

一、作業準備

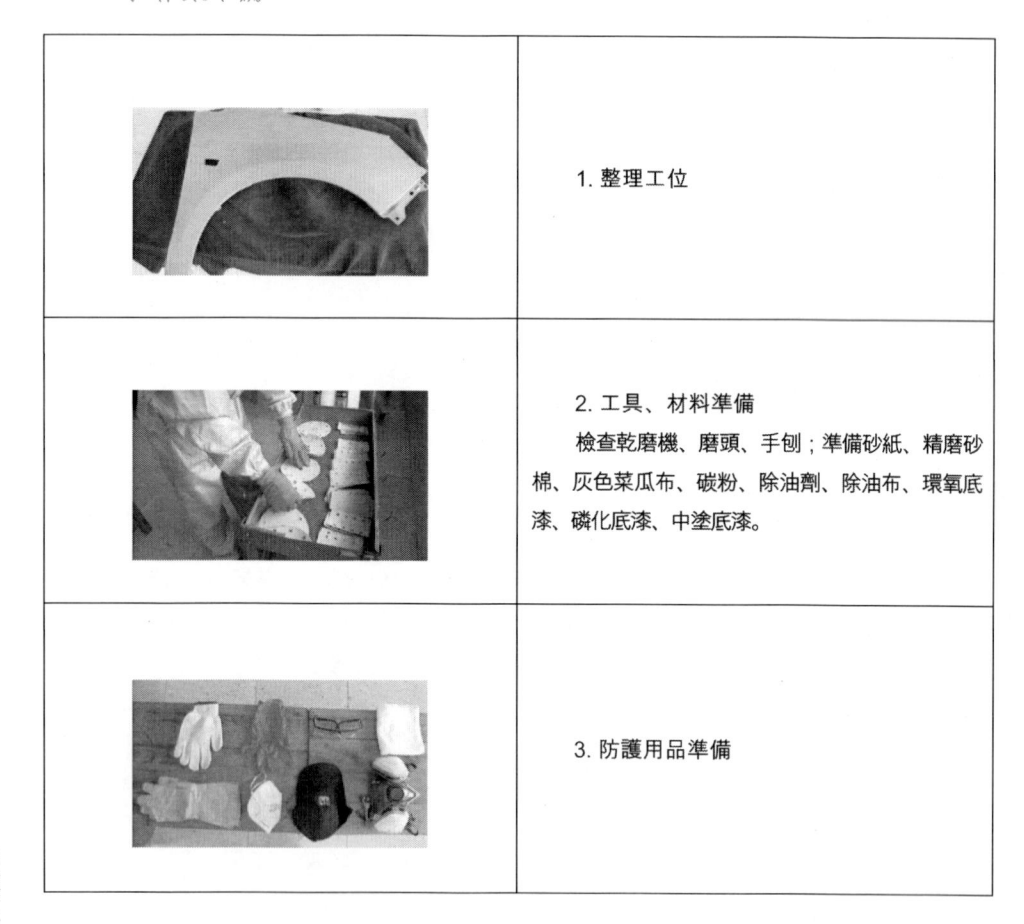

	1. 整理工位
	2. 工具、材料準備 檢查乾磨機、磨頭、手刨；準備砂紙、精磨砂棉、灰色菜瓜布、碳粉、除油劑、除油布、環氧底漆、磷化底漆、中塗底漆。
	3. 防護用品準備

二、操作步驟

	1. 穿戴防護用品
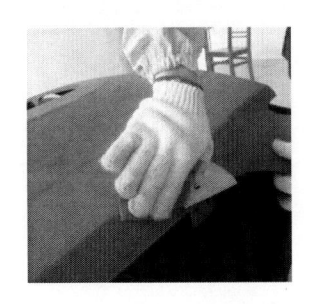	2. 打磨前的板件檢查 （1）中塗底漆乾燥狀況的檢查。用砂紙試磨板件檢查是否完全乾燥。 提示：如果中塗底漆乾燥不充分，務必繼續烘烤。
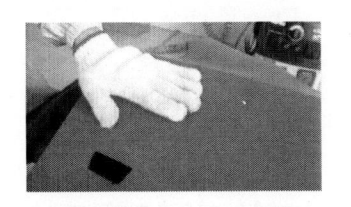	（2）檢查原子灰修補效果和損傷狀況。用眼觀察或手摸的方法檢查原子灰修補區域的恢復狀況，檢查板件表面有無明顯損傷。 提示：如果原子灰修補區域難以恢復，或板面有明顯的劃傷、碰傷，務必返回到原子灰施工或重新噴塗中塗底漆工序。
	（3）中塗底漆噴塗品質的檢查。用眼觀察或手摸的方法檢查底漆噴塗效果。 提示：如果中塗底漆噴塗過薄，均勻性差等，可考慮返回重新噴塗中塗底漆工序。

3. 中塗底漆的打磨

（1）清潔除油。

①更換防護用品。穿戴除油用防毒面具、尼龍手套。

②乾濕法除油。除掉板件表面的油污等雜物，便於砂紙打磨。

提示：要求除油徹底、清潔。

（2）手刨打磨。

①更換防護用品。穿戴打磨用棉紗手套、防塵口罩。

②塗碳粉。在板件表面均勻塗抹一層碳粉。

③打磨流痕、流掛。一般採用手刨配合P240或P320砂紙打磨至流痕、流掛消失。

④原子灰修補區的平整打磨。一般採用手刨配合P240或P320砂紙打磨原子灰修補區至平整。

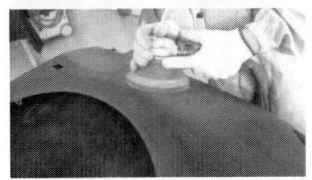

（3）乾磨機打磨。

　　一般採用偏心距為3 mm的雙作用乾磨機，配以中間軟墊和P400或P500砂紙打磨板面區域至平滑狀態。

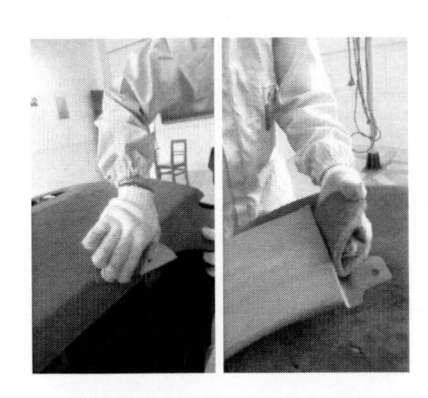

（4）邊角處打磨。

　　一般採用精磨砂棉、灰色菜瓜布或P400、P500砂紙打磨板件邊角，使難以打磨的地方全部光滑並具有光澤。

（5）清潔除油。

　①更換防護用品。穿戴除油用防毒面具、尼龍手套。

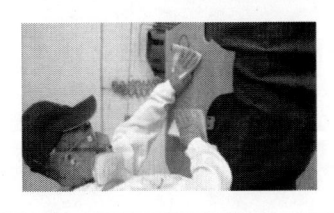

　②幹濕法除油。除掉打磨板件表面的塵粒、汙物等，便於面漆噴塗。

　　提示：要求除油徹底、清潔。

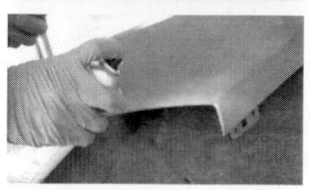

	4. 中塗底漆打磨品質檢查和處理
	5. 整理

任務檢測

一、選擇題

1. 除油清潔時必須穿戴(　　)。

   A. 防護眼鏡　　　B. 耳塞　　　C. 防靜電工作服　　　D. 防毒面具

2. 雙工序金屬漆的中塗底漆打磨應該選用的砂紙為(　　)。

   A. P240　　　B. P320　　　C. P400　　　D. P500

二、判斷題

1. 中塗底漆打磨目前多採用乾磨系列，以保證打磨效果、提高效率。　　(　　)
2. 用細的砂紙打磨時，砂紙的番號不能跳躍2番號及以上。　　(　　)
3. 中塗底漆打磨後可以不進行打磨品質的檢查確認。　　(　　)

任務評價

評價內容	過程性評價	終結性評價	持續發展性評價	評價人
班級：			姓名：	
知識評價				自評
				互評
				教師評價
				總評
技能評價				自評
				互評
				教師評價
				總評
情感評價				自評
				教師評價
				企業評價
				總評

任務拓展

免磨中塗底漆的使用

目前，為了縮短中塗底漆作業時間、減輕作業強度，一些油漆生產廠家開發了免磨中塗底漆產品，可以在噴塗後不需打磨，直接實施面漆噴塗作業。如PPG 公司的AUTOCOLOR P565-777 超能免磨底漆產品，屬於2K 免磨底漆，可以提供""濕碰濕"的快速噴塗工序，適用於裸金屬、玻璃鋼、聚酯原子灰、預塗底漆和良好的舊漆膜，一般噴1 個雙層或2 個單層，靜置15~20 min 即可噴面漆，如靜置時間超過30 min，則需完全乾燥再打磨後才可以噴面漆。

項目四　調色工藝

任　務　色漆調色

任務目標

目標類型	目標要求
知識目標	(1)　能描述顏色的基本原理 (2)　能描述調色的流程
技能目標	(1)　能正確使用調色的設備、工具和材料 (2)　能按照調色流程實施微調作業 (3)　能正確判斷色差
情感目標	(1)　具有作業現場的""5S"習慣 (2)　養成個人防護安全、環保觀 (3)　養成作業品質、效率觀

任務描述

汽車車身顏色千差萬別，在汽車修補塗裝中需要調色作業。調色的技術對修補塗裝的品質、作業效率將產生很大的影響。因此，首先需要理解顏色的本質，掌握觀察、感知色彩的方法；其次要掌握色漆調配的流程和方法。

任務準備

一、顏色的基本原理

(一)顏色的概念

顏色是眼睛對光波傳遞的感知，即光線刺激眼睛所產生的視覺反應。當光照射在物體上，反射的光進入人眼，刺激視網膜後轉換成信號，並通過視覺神經傳遞給大腦時就感覺到顏色。

1. 感覺顏色的三要素

人們感覺顏色必須要具備三個要素，即眼睛、光源、物體。如圖4-1-1所示。

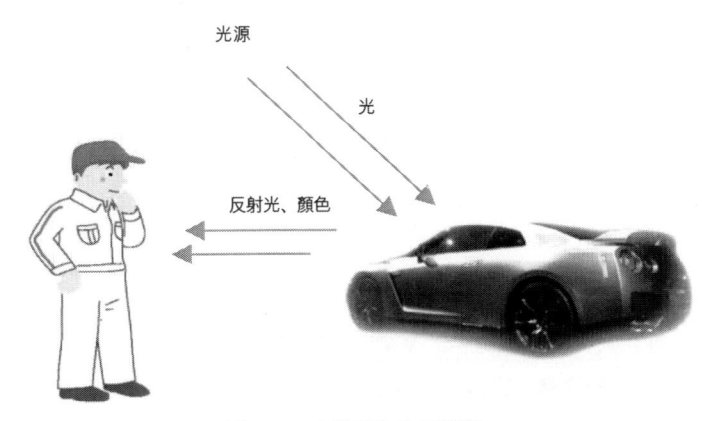

圖4-1-1 感覺顏色的三要素

(1) 眼睛。人的眼睛具有三種基本神經：感紅、感綠、感藍，並由此形成多種色感，感知不同的顏色。不同的光譜能引起三種視覺神經不同比例的興奮，並形成信號傳給大腦，而大腦將這些信號轉換成色彩而讓我們看見物體的顏色。不同人的眼睛對顏色的感受靈敏度存在差異，如有的人感受的顏色會偏紅，有的人感受的顏色會偏藍。另外，年齡越大其顏色辨識能力會下降；存在色覺缺陷的人，其顏色辨識能力會很差，甚至無法辨識。

(2) 光源。在完全沒有光的黑暗處，是不能感覺到顏色的。因此，光是顏色感知的必要條件。常見的光源有太陽光、白熾燈、螢光燈。

太陽光是一種電磁輻射，由不同波長的電磁波組成。人的眼睛能看到（感覺到）的是380～780 nm 波長範圍的光，稱為可見光譜。其他為不可視光線的波長範圍，比380 nm 短的波長稱為紫外線，漆膜的劣化及褪色的原因主要是受到了紫外線的影響；比780 nm 長的波長稱為紅外線，更長的波長稱為遠紅外線，這些也叫作熱線，可以作為乾燥或暖氣機器等的熱源而被利用。如圖4-1-2所示。

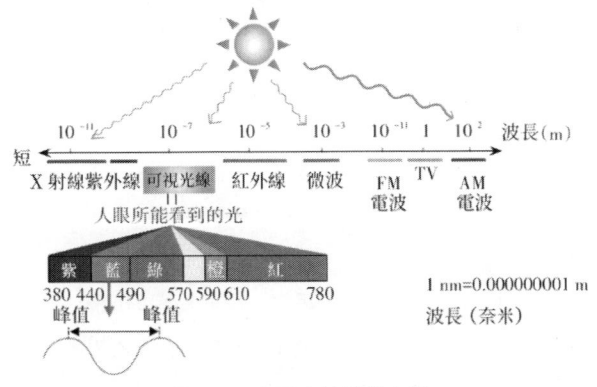

圖4-1-2 太陽光的可見光譜

太陽的可視光線看上去是白色，但實際上通過三棱鏡折射，表現出從紅到紫的顏色的可見光譜，如圖4-1-3所示。

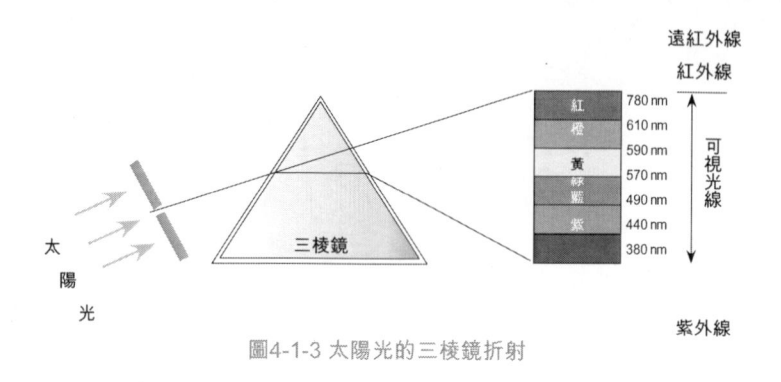

圖4-1-3 太陽光的三棱鏡折射

顏色異構現象。又稱為條件等色，是指同一物體在不同的光源照射下（如太陽光和燈光）顏色產生一定差別的現象。太陽光包括了可見光譜所有的顏色帶，而白熾燈放射出的紅黃色部分的光量比太陽光放射出的紅黃色部分的光量要多，螢光燈放射出的藍色部分的光量比太陽光放射出的藍色部分的光量要多，這就導致物體在不同光源照射下產生顏色的差異，如在太陽光下看起來是紅色的物體，放到白熾燈下會看起來呈橙色，原因是物體的紅色會與白熾燈放射出的紅黃色光疊加形成橙色；又如在室外看起來是相同的顏色，在室內看起來卻是不同的顏色。顏色異構現象的本質是光源的影響，但也和色母的選用有關，因此在調色時儘量選用配方中的色母。

調色光源的選擇。一般選用自然光線進行調色，如自然光線不佳則可選用標準光源對色燈箱，其中的D65國際標準人工日光是最接近自然光的人工光源。

(3) 觀察物件（物體）。物體對照射到表面的光線有反射、吸收、折射三種情況。反射就是光線被物體表面反射，物體的顏色就是由其反射光的顏色決定，即物體的顏色就是其反射光色。吸收就是光線被物體吸收。當發生全反射時物體呈白色；當發生全吸收時物體呈黑色；當發生部分反射部分吸收時呈反射光不同波長對應的顏色。而折射是指光線穿過物體時，穿過物體的光線會發生變化，會形成多層折射、多層反射。如珍珠顏料可以直接反射，也可在各層折射後再反射形成多層反射，從而使顏色顯得透明多變。

由以上分析可見，感覺顏色的三個要素，即眼睛、光源、物體任何一個發生變化，顏色也會隨之改變。因此，在調色及比色時，應保證三個要素在標準的條件下進行。

2. 顏色的分類

顏色可分為光源色和物體色。從太陽、電燈泡、蠟燭的火焰等光源發出的光的顏色為光源色，塗料、塗膜、花、水果等物體的反射光或透射光的顏色為物體色。

（1）光的三原色。

光的原色分為可視光線中短波範圍內的藍光、中波範圍內的綠光和長波範圍內的紅光，這三種顏色稱為"光的三原色"。對於光來說，所有波長範圍合起來的光看起來是白色的。如圖4-1-4所示。

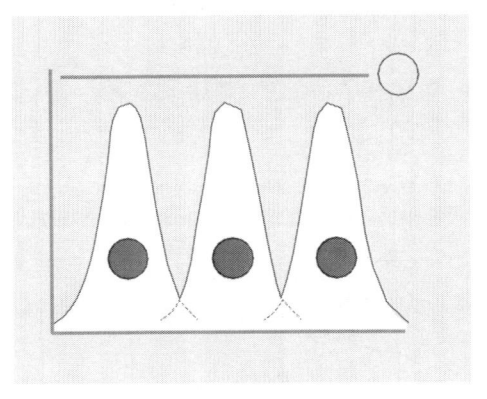

圖4-1-4 光的三原色

(2) 顏色的三原色。

把油漆等顏色材料的紅、黃、藍三種顏色按照適當比例混合的話，基本上能得到所有的顏色。因此，把紅、黃、藍三個顏色稱為顏色的三原色。三原色等比例混合則變成黑色。如圖4-1-5 所示。

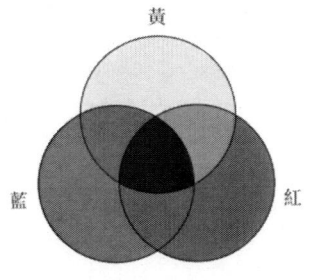

圖4-1-5 顏色的三原色

(3) 色彩的分類。

色彩的顏色可以區分為有彩色和無彩色。紅色、藍色、黃色等色彩稱為有彩色；白色、灰色、黑色等色彩稱為無彩色。

3. 顏色的三屬性

為了準確地描述顏色，應從顏色的色相、明度、彩度這三個基本屬性來確定。如圖4-1-6 所示。

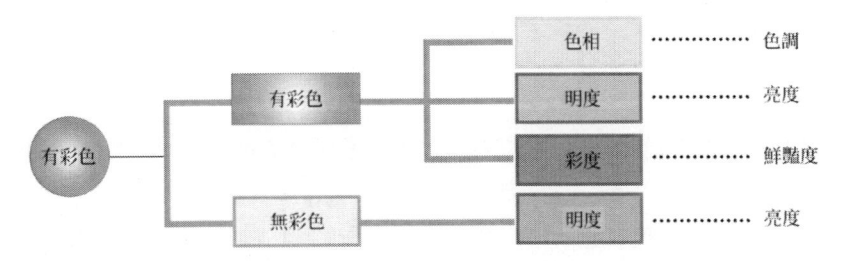

圖4-1-6 顏色的三屬性

(1) 色相。

也稱為色調，是色彩本質的屬性，表示一定波長的單色光的顏色特徵。彩色的紅、藍、綠、黃、紫具有各自的顏色特性，能夠對顏色彼此之間加以區別的質的特徵，就稱為色相。

減色混合。物體最基本的色相是紅色、黃色、藍色三個顏色，稱為顏色的三原色。從理論而言，所有的顏色都可以通過這三種顏色調配出來。由於物體(色母)的顏色是因為吸收了白光中的一些色光而形成，當色母混合時，每種色母都會減去白光中的一些色光，混合後也會減去白光中的一些色光，最後呈現的是對白光多次減弱的色光。如把紅色、黃色、藍色三個顏色等量混合，將不能得到白色，而只能得到黑色。如把多種顏料混合起來，顏色會越來越灰暗，這就是減色混合。

加色混合。將光的三原色紅、綠、藍等量相加可以得到白光，不同的單色光能得到其他顏色的光線，且光線會變亮，這就是加色混合。加色混合廣泛運用在主動發光的電視機、監視器等產品上。原色、再生色、次再生色。物體的紅色、黃色、藍色稱為顏色的三原色。把紅色、黃色、藍色中的任意兩色混合後得到的第三種顏色叫再生色，如紅色+黃色=橙色、黃色+藍色=綠色、紅色+藍色=紫色。把任意兩個再生色混合就會得到次再生色，以此類推，如紫色+綠色=橄欖色、紫色+橙色=鐵銹色、綠色+橙色=香檳色等。由於減色混合的原因，再生色的彩度低於原色，次再生色的彩度低於再生色，且顏色越來越深。所以，調色時將顏色由鮮豔向渾濁調整容易，相反則十分困難。同時，添加的色母種類越多顏色越渾濁，所以調色時儘量使用配方中的色母，可以避免條件等色現象的發生，也可以防止顏色渾濁的出現。

色環圖。根據顏色的原色、再生色、次再生色的形成原理，把顯著不同的色相按變化排成的圓環就是色環圖，用來表示不同的色相。由於減色的原因，色環上相對的顏色相加就得到灰色。因此，在調色中添加色環上相對的顏色色母須慎重。

(2) 明度。

又稱為亮度、明暗度和深淺度等，是有彩色、無彩色共同具有的性質。明度能反映光的反射值的大小，即反射光與入射光之比，比值越大表示顏色越淺，反之越深。如將滅火器的紅色與紅豆的紅色相比較，可以發現滅火器的顏色較明亮而紅豆的顏色較暗。同一色相有不同的明度，如深綠、淺綠、暗綠；不同色相也有不同的明度，一般黃色最亮，紅、綠中等，紫色最深。

明度常採用黑白軸表示，越接近白色明度越高，越接近黑色明度越低。在調色中常使用黑色或白色來調整顏色的明度，其調整的效果最明顯。

(3) 彩度。

又稱為飽和度、鮮豔度或純度，是指顏色的鮮豔程度。常用鮮豔或黯淡、鮮亮或渾濁表達。一般是在同一色相和明度的兩種顏色才好比較。

(二)顏色的表示方法

由於任何一個顏色都包含有色相、明度、彩度的屬性，同時在調色的色母添加時都會對三個屬性產生影響。因此，應作為一個系統來分析、對比顏色。孟塞爾顏色定位系統(Munsell Color System)是由美國的Albert H. Munsell於1898年創立的，採用三維空間描述所有顏色的系統，如圖4-1-7所示。

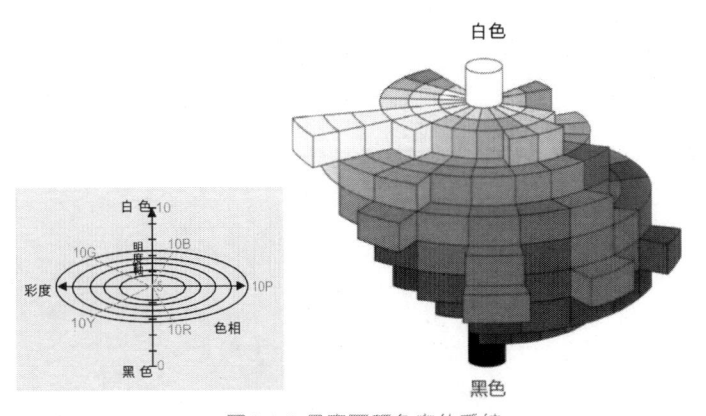

圖4-1-7 孟塞爾顏色定位系統

1. 色相的表示

　　孟塞爾顏色立體錐圖的經度代表色相，在圓周方向把所有的色彩分為5個主色調：紅(R)、黃(Y)、綠(G)、藍(B)、紫(P)，然後在 5 個主色中加上各自的中間色：橙(YR)、黃綠(GY)、青(BG)、藍紫(PB)、紫紅(RP)，將這10個色相配置成環狀形成色相環，用字母表示。再將各個色相10等分，用數字0~10表示(其中5為標準色調，如5R表示標準紅色調)，共區分為100個色相。把無彩色的黑、白、灰統一為N表示。如圖4-1-8所示。

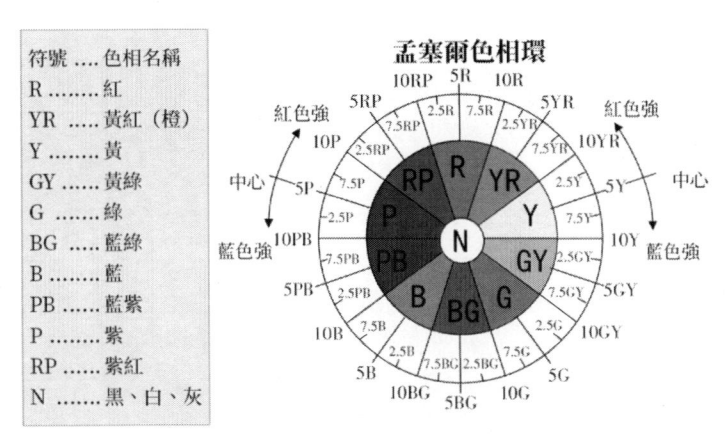

符號 .... 色相名稱
R .... 紅
YR ...... 黃紅（橙）
Y .... 黃
GY ...... 黃綠
G .... 綠
BG ...... 藍綠
B .... 藍
PB ...... 藍紫
P .... 紫
RP ...... 紫紅
N .... 黑、白、灰

圖4-1-8 孟塞爾色相環

2. 明度的表示

　　孟塞爾顏色立體錐圖的中間軸代表明度，10等分表示11級，越往上越亮，越往下越暗，把最暗的顏色黑色作為0、最亮的顏色白色作為10，中間表示灰色。如圖4-1-9所示。

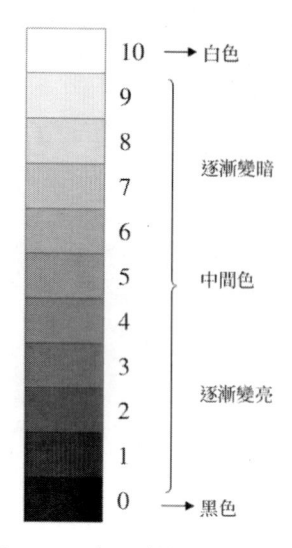

圖4-1-9 孟塞爾系統的明度表示

3. 彩度的表示

彩度以色相環的軸 (無彩色) 為起點，向外側從0 開始依次表示為1、2、3、4、5…，越向外側顏色變得越鮮豔。另外，無彩色用N 表示。如圖4-1-10 所示。

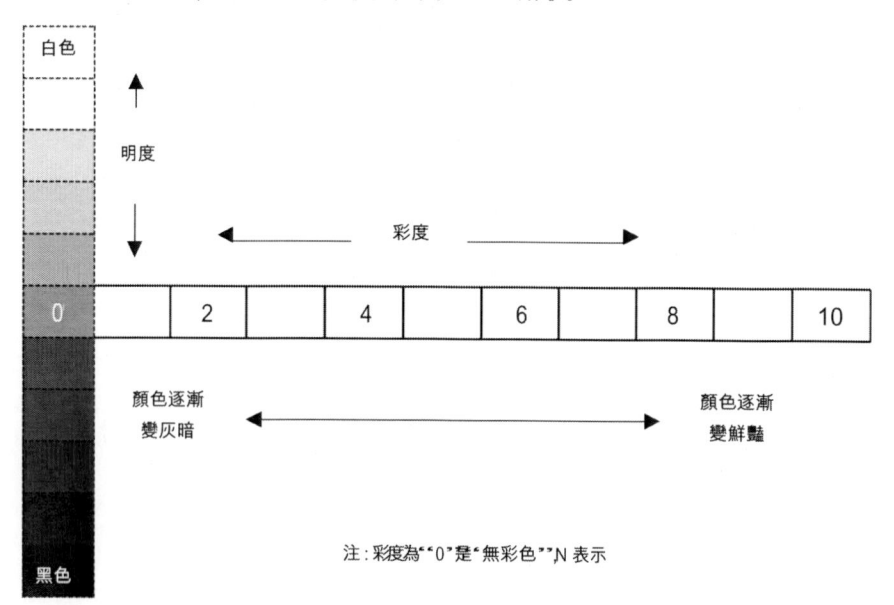

注：彩度為"0"是"無彩色"N 表示

圖4-1-10 孟塞爾系統的彩度表示

4. 顏色的表示方法

孟塞爾的顏色定位系統採用有彩色按色相、明度、彩度的順序表示，第1位代表色調的數值、第2位元代表色調的顏色字母、第3位元代表明度的數值、第4位代表彩度的數值，一般在
第3位與第4位之間用" / "分開，如" 6RP4 / 12 "表示彩度12、明度4的純紅紫色（6RP）。無彩色用N表示，如" N0 / "代表黑色、" N10 / "代表白色、" N5 / "代表中灰色。

注意：互補色。在色相環上位置正相對（對角線上）的兩個顏色互為互補色關係。紅色和藍綠色、黃色和藍紫色等互補色以適當的比例混合，會變成無彩色，如圖4-1-11所示。如想減弱色相的話，可通過互補色關係，添加少量的互補色效果就比較明顯。但是，如互補色過量添加，則彩色就會降低，顏色就不鮮豔，難以再現原色。所以，調色作業時要注意控制互補色的添加，不能多用。

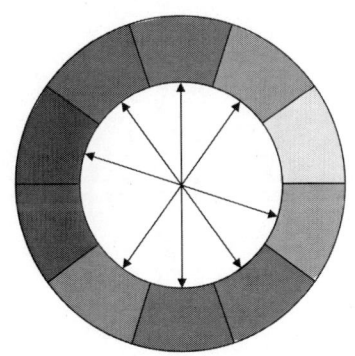

圖4-1-11 互補色關係

(三)比色方法

對兩種顏色（車體和調色噴板的顏色）的差異進行比較，稱為比色。比色常用目視法和儀器測量法，在汽車維修塗裝中多用目視進行判斷。進行比色時，應考慮以下幾方面。

1. 比色光源

由於汽車在太陽、螢光燈、水銀燈等各種光源下行駛，因此，無論是在何種光源下，修補的顏色都應該與之正確對應。所以，在調色時需要在各種光源下進行比色。

2. 比色的角度和距離

對比顏色時，只從某一個角度觀察是不充分的。特別是金屬色和珍珠色等顏色，觀察角度不同，顏色的變化和感覺也會不同，因此需要變換角度進行比色。比色的角度一般有正面（90°）觀察、正反射（45°）方向、側面透視（15°）方向觀察，如圖4-1-12所示。不要一直近距離觀察，有時要離開2～3 m距離再判斷。

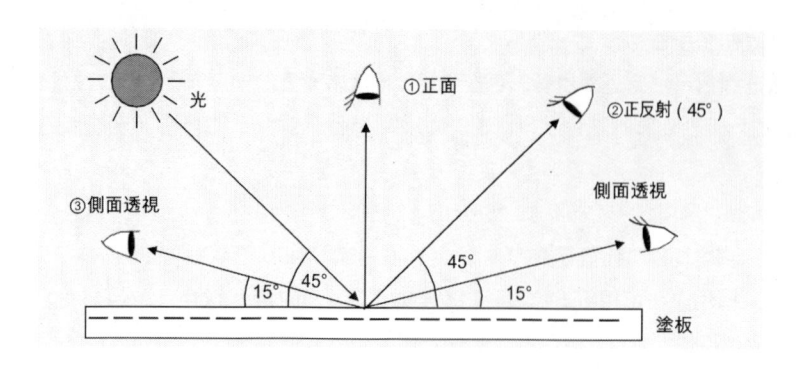

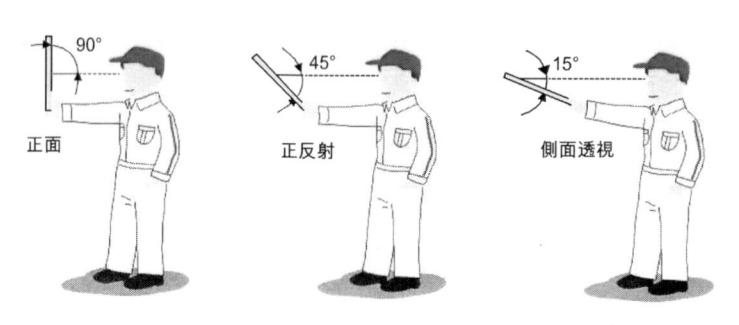

圖4-1-12 比色的角度

二、調色流程

汽車有各種顏色，其車身顏色是由幾種原色混合調製而形成 (原色是指使用一種顏料的塗料)。為了修補塗裝成與原車一致的顏色，需將兩種以上的原色混合調配成所需目標顏色的方法就稱為調色。

汽車生產廠家對各種車色編制了色號，對所有色號也編制了修補的顏色配方。由於生產廠家的塗料、工藝、條件等不同會導致顏色的差異，汽車使用環境、時間等狀況的不同也會導致顏色的差異。所以，在修補塗裝中需要對面漆顏色實施微調，保證與原車顏色的一致。調色作業時需要易於進行調色、比色、試塗操作的環境條件。需要有包括自然光入射的明亮空間；環境周圍的顏色亮淡無彩色；應有比色箱、烤箱、噴塗裝置等設備便於調色等。嚴格的調色流程是顏色調配準確、提高工作效率的基礎。如圖4-1-13 所示。具體的流程說明如下：

```
1.車身顏色的確認
      ↓
2.調色配方的檢索
      ↓
3.顏色卡與車身顏色的對照
      ↓
4.計量調色  ←──┐
      ↓         │ 微調整
5.試塗、比色 ──┘
      ↓
6.完成塗裝
```

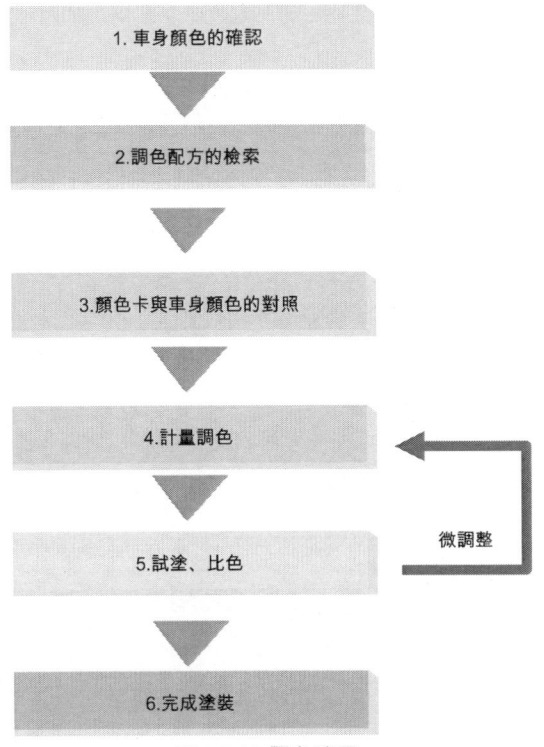

圖4-1-13 調色流程

(1) 車身顏色的確認。通過汽車車身顏色代碼標示部位，查找顏色代碼。不同汽車的顏色代碼標示部位不同。

(2) 調色配方的檢索。可通過使用顏色資訊等搜索顏色樣本和調色資料。如存在無顏色資訊的情況，只要明確是沒有改變塗膜的新車塗膜時，可利用互聯網和傳真服務、電話服務尋找顏色配製資料。

(3) 顏色卡和車身顏色的對比。確認顏色卡和維修部位周圍的色差。如有實車顏色則選擇底色、方向性等最佳的顏色，如沒有色樣僅知道調色資料則應做少量預調色，試噴塗制作色樣，然後進行顏色對比。

(4) 計量調色。與實車對比後，發現色彩、顏色的濃淡度、方向性等沒有什麼差異時，應按照配製資料進行調色。色差大時則要按照色差預先增減原色的量進行調色。

(5) 試塗、比色。按照同實際噴漆維修時相同的條件進行試塗。特別注意珍珠色和金屬色的塗料會因為條件變化，顏色也會發生變化的特點。要在各種光源下從不同的角度對已充分乾燥的塗板與車身顏色進行對比，比較色差、方向性，以及金屬和珍珠粒子的粗糙度、發光度等。

注意：如果是已進行清漆噴塗的塗膜，比色用塗板也一定要塗裝清漆層。簡易的方法是利用顏色確認噴霧劑(溶劑型)潤濕表面，進行顏色對比。

(6) 微調。原則上應使用少量的採集配製資料時所使用的原色，反覆進行試塗、對比、微調顏色，直到顏色相符。

(7) 實施塗裝。採用微調後顏色最為相符的配製資料來調配面漆，實施面漆的噴塗。

三、調色要點

由於純色漆、銀粉漆和珍珠漆的調色技術既有相同之處，也存在明顯的不同，下面就以水性底色漆的微調為例，說明調色的步驟和要點。對於車身顏色的確認、調色配方的檢索、顏色卡和車身顏色的對比等流程在這裡不進行說明。

任務設計以標準板和配方為准，按正確的微調色流程和要點，對差異色進行微調。具體要點以"**任務實施**"作為說明。

任務實施

一、作業準備

	1. 整理工位 整理、準備調色工位元的設備，包括工作臺、電子秤、烤箱、比色箱等。
	2. 檢查和準備 檢查準備色母、調漆杯和調漆尺，過濾網與噴壺，標準板與試噴板，噴槍與吹風槍等。
	3. 調色防護用品準備

二、操作步驟

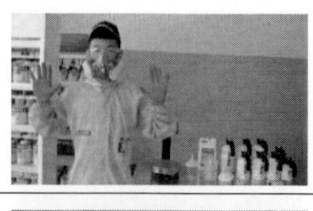

	1. 穿戴調色防護用品
	2. 噴制差異板 （1）調配差異色。 按照配方，添加色母，配製差異色200 g。 ①檢查電子秤，調整電子秤歸為"0"。

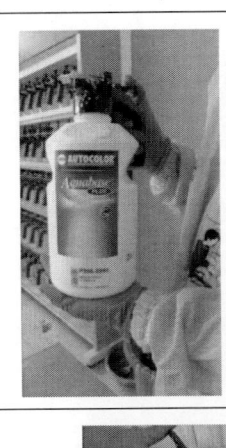 	②按照配方，逐一添加色母。
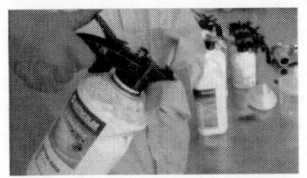	③清潔色母罐嘴。
	④攪拌色母至均匀。
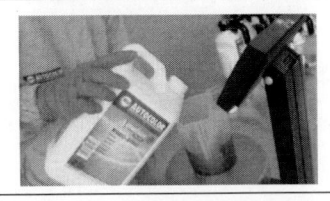	⑤取出50 g差異色，添加水性稀釋劑（10%~15%）。
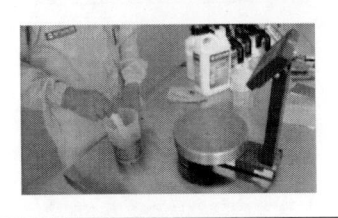	⑥攪拌均匀。
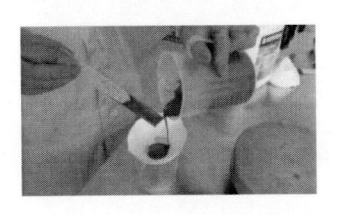	⑦用水性專用過濾網過濾。

（2）試噴板準備。
①用膠帶把試噴板粘固在長的調漆尺上，方便噴塗。

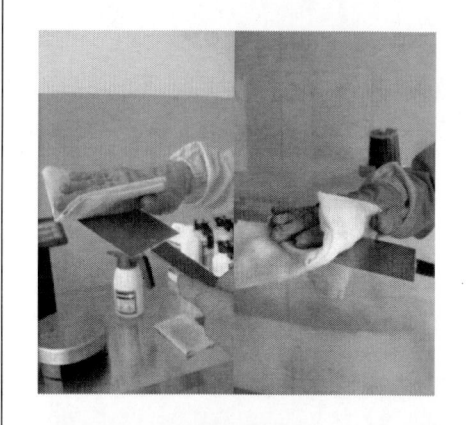

②先用水性除油劑後用油性除油劑，並採用乾濕法除油，然後粘塵。

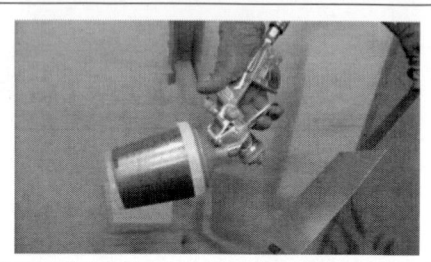

（3）噴塗試噴板水性底色漆1個雙層。

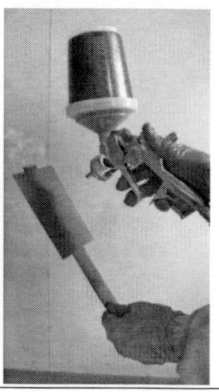

（4）採用專用吹風槍吹乾後，再霧噴一層。

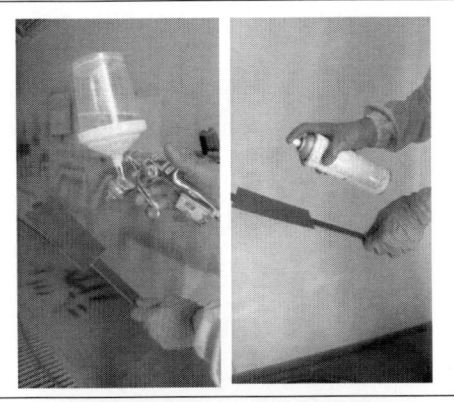

（5）按廠家要求調配清漆，在底色漆完全乾燥後噴塗清漆2層，先按1/2重疊法噴第一層，閃幹5～10 min；後按3/4重疊法噴第二層。也可用自噴罐清漆噴塗清漆。

（6）烘乾清漆。在烤箱裡烘烤至完全乾燥。

3. 比色，確定差異色母
（1）選用比色箱的D65比色，用標準板與試噴板進行對比。

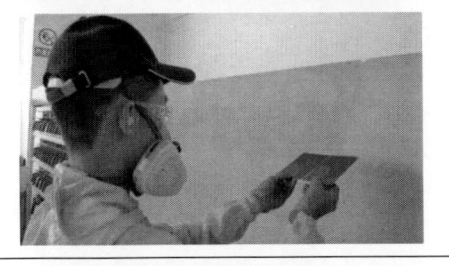

（2）在自然光下比色，用標準板與試噴板進行對比。

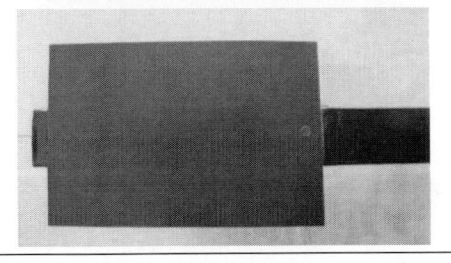

4. 添加差異色母，噴制試噴板
重複2的(1)～(6)步驟。先在已調配好的200 g底色漆中取出50 g，再在50 g底色漆中添加少量差異色母噴制試噴板。

5. 比色，調整差異色母用量

重複2、3步驟，直至和標準板在不同角度的顏色一致。

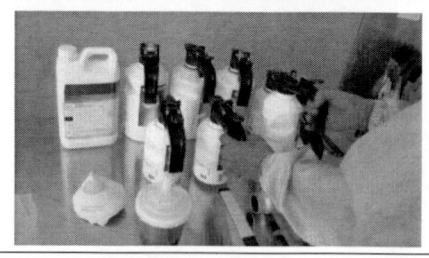

6. 清潔、整理

(1) 清洗噴槍、槍壺、調漆尺等。

提示：須更換防溶劑手套。

(2) 清潔整理電子秤、烤箱、烤房、比色箱等。

(3) 清潔、整理工作臺，整理色母罐等。

任務檢測

一、選擇題

1. 根據孟塞爾顏色定位系統，以下說法正確的有(　　)。

    A. 顏色從色輪外圈向內移動，彩度增加

    B. 色調只可沿著色輪向左右兩側移動，即紅色只可能偏黃或偏藍，而不可能偏綠

    C. 色輪上兩個相對色調的顏色混合，顏色變濁、變黑

    D. 顏色越向上，亮度越高

2. 物體的三原色是(　　)。

    A. 紅色　　　　B. 黃色　　　　　　　C. 綠色　　　　　　D. 藍色

3. 素色漆調色可以用漆尺拉濕塗料與車身比色，濕態的素色漆與樣板相比(　　)。

    A. 更鮮豔些　　B. 更暗淡些　　　　　C. 更深些　　　　　D. 更淺些

4. 影響塗料顏色的因素包括(　　)。

    A. 施工條件　　B. 噴塗手法　　　　　C. 噴漆房風速　　　D. 噴槍

5. 導致色差的原因有(　　)。

    A. 調配色漆前沒有充分攪拌色母，色母罐內顏料分佈不均勻

B. 調配油漆的量小於該配方所規定的最小調配量

C. 噴塗色板時，沒有將比色板固定，由噴塗車輛的技師按照噴塗車輛的手法噴塗，而是拿在手中隨意噴塗

D. 能在板塊內過渡修補的顏色，卻將色漆整板噴塗

二、判斷題

1. 調色、噴塗、拋光時可以使用乳膠手套。　　　　　　　　　（　　）
2. 紅、黃、藍顏料等量混合起來可得到白色。　　　　　　　　（　　）
3. 顏料調色的過程是加色混合。　　　　　　　　　　　　　　（　　）
4. 調色時，顏色由鮮豔向渾濁調整相對比較容易。　　　　　　（　　）

任務評價

班級：		姓名：		
評價內容	過程性評價	終結性評價	持續發展性評價	評價人
知識評價				自評
				互評
				教師評價
				總評
技能評價				自評
				互評
				教師評價
				總評
情感評價				自評
				教師評價
				企業評價
				總評

> 任務拓展

調色形成色差的因素

往往有許多因素會造成調色過程發現色差,導致調色困難,費工費時。因此,完全有必要瞭解這些影響因素和特點,避免對調色造成色差。

一、刮塗和噴塗的因素

在微調顏色時,常利用刮塗方式進行顏色對比,並最終完成與實際進行噴漆維修時相同條件的噴塗顏色對比。一般純色乾燥時就會浮起變濃;金屬色乾燥時顏色會變淡,但金屬濃色(如褐紅色系列)也有顏色上升變濃的特點。

二、清漆噴塗的因素

由於純色、金屬色和珍珠色塗上清漆層後顏色會發生變化,故最終進行調色時一定要塗上清漆層後再進行顏色對比。特別要注意金屬色在塗上清漆後,顏色會浮出表面、變成清澈的色調。見表4-1-1。

表4-1-1 清漆層對顏色的影響

顏色		清漆塗飾
純色	一般顏色	塗的次數多時就會發黃
	黑色	橫向浮水印狀變白
金屬及珍珠色	銀金屬色	橫向浮水印狀為白色、45°時變暗
	著色金屬(珍珠色)	明顯泛黃、色彩鮮明

三、固化劑的因素

在雙組分塗料中加入固化劑,一般情況下會出現比主劑原色變淡的趨勢。最終的顏色確認一定要利用添加有規定量固化劑的塗料進行試塗。

四、乾、濕塗層的影響

在調色的試塗、試噴時,乾、濕塗層有明顯的顏色差異。

1. 顏料密度的不同造成色差

塗層中密度較高的如白色顏料容易下沉，密度較輕的黑色和藍色的顏料會浮出表面，故顏色會變濃，如圖 4-1-14 所示。因此，往往濕塗層的顏色稍淺，乾燥後的乾塗層的顏色稍深。

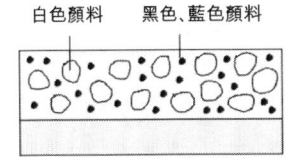

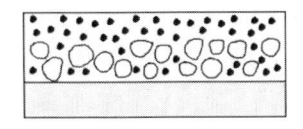

(a)濕層(顏色變淡)　　(b)乾燥層(顏色變濃)

圖4-1-14 顏料密度對乾、濕塗層的影響

2. 鋁粒子排列的影響

鋁粒子有規律地排列時，光就會向一定的方向反射，具有正反射(45°)明亮、浮水印和正面方向變暗的特點。濕層中容易在塗膜內引起對流，導致鋁粒子的排列不規律，所以具有正反射(45°)發暗、浮水印和正面方向變明亮的特點。如圖4-1-15 所示。

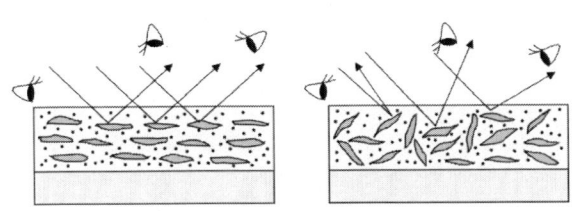

圖4-1-15 鋁粒子排列的影響

五、塗裝條件的影響

不同塗裝條件帶來不同的顏色變化，包括稀釋、噴槍、噴塗方法和噴塗環境的影響。見表4-1-2。

表4-1-2 塗裝條件對顏色的影響

項目	塗料條件	色彩變淡（乾塗層）	色彩變濃（濕塗層）
稀釋	使用稀釋劑	蒸發快	蒸發慢
	稀釋劑的稀釋	多	少
噴槍	噴嘴口徑	小	大
	塗料噴塗量	少	多
	噴漆直徑	寬	窄
	空氣量	多	少
	噴射距離	遠	近
	氣壓	高	低
噴塗方法	膜厚	薄	厚
	噴槍的運行	快	慢
	噴塗間隔時間	延長	縮短
	清漆塗飾	不做	做
噴塗環境	塗裝時的溫度	高	低
	塗裝時的濕度	低	高
	通氣、換氣	好	不好

項目五 面漆工藝

任務一 面漆噴塗

任務目標

目標類型	目標要求
知識目標	(1) 能知道面漆的作用 (2) 能描述面漆的性能要求和類型 (3) 能描述面漆施工的方法 (4) 能描述漆面外觀品質要求
技能目標	(1) 能熟練使用面漆噴塗設備、工具和材料 (2) 能按照面漆施工流程熟練完成噴塗作業 (3) 能正確檢查面漆噴塗外觀效果
情感目標	(1) 具有作業現場的""5S"習慣 (2) 養成個人防護安全、環保觀 (3) 養成作業品質、效率觀 (4) 具備汽車外觀裝飾美化的鑒賞能力

任務描述

對已完成中塗底漆打磨的車身修補板件，實施面漆噴塗，包括面漆噴塗前的遮蔽、面漆噴塗、面漆乾燥等。

任務準備

一、面漆的作用、性能和分類

(一)面漆的作用

面漆是車身表面的油漆，是修補塗層最外面的可見塗膜，主要起裝飾、標示和保護底層的作用。因此，汽車塗裝對面漆的塗料、施工技術和品質要求很高。

(二)面漆的性能

由於面漆直接接觸外界環境，既要防止老化起保護作用，又要滿足裝飾美觀的作用，所以面漆的性能比底漆、中塗層需要更高的要求。

(1) 外觀。要求塗膜豐滿、光滑、平整、色彩鮮豔，光澤度高，色差小。

(2) 機械性能。要求具有良好的機械性能，良好的附著力、韌性、耐磨、耐劃傷、耐衝擊、耐變形等。

(3) 耐候性能。要求具有良好的適應自然條件及氣候環境，耐濕熱性好，良好的耐老化性能，不易起泡、失光、變色、粉化。

(4) 耐腐蝕性能。要求能與底漆塗層形成配套塗層，並能增強整體的防腐蝕能力。

(5) 施工性能。要求具有良好的乾燥性、遮蓋力、重塗性等，適合修補施工作業。

(6) 配套性。要求能與底漆塗層有良好的配套性，使用成本低等。

(三)面漆的分類

面漆的種類很多，分類方法也不同。一般可按施工工序分為單工序、雙工序和三工序等，按顏色效果分為純色漆、銀粉漆和珍珠漆等，按固化機理分為溶劑揮發型、氧化型和交聯反應型，按成膜物質分為硝基漆、醇酸漆和丙烯酸漆。具體分類時每種方法會有一些交叉。

(1) **單工序面漆**。指面漆層只噴塗一種塗料的噴塗系統。

(2) **雙工序面漆**。指面漆層噴塗兩種不同塗料的噴塗系統，一般是先噴塗色漆，然後再噴塗罩光清漆，兩種塗層共同構成完整的面漆層。其中的色漆包括純色漆、銀粉漆和珍珠漆，純色漆只含有純色顏料，銀粉漆中含有鋁粉，珍珠漆含有雲母顏料。

(3) **三工序面漆**。往往指面漆層噴塗採用珍珠漆噴塗系統，通常先噴底色漆，然後噴珍珠漆，最後噴罩光清漆，三個塗層共同構成完整的面漆層。三工序珍珠面漆效果完美，但施工複雜。

二、面漆的施工

面漆的施工要求很高，直接影響修補塗裝的效果和效率。不同的面漆類型其施工流程、方法存在差異，現介紹面漆施工的一般流程。

(一)面漆噴塗前的準備

1. 面漆噴塗前的遮蔽

在噴塗面漆前，為了防止面漆噴塗或噴霧到不需要噴塗的車身部位表面、裝飾條、密封條上，需進行必要的遮蔽貼護。最好在車輛移入烤漆房前在專門的遮蔽工位上完成。

(1)清潔。由於面漆噴塗是在烤漆房內進行，為了維護烤漆房的良好環境條件，應對車輛進行清潔，去除車輪、玻璃及外部表面、縫隙的灰塵。如採用的是濕磨工藝，則應先用水沖洗乾淨，然後用吹槍吹乾。千萬不要在遮蔽後出現水跡而影響施工作業。

(2) 除油。為了防止膠帶的黏著，應對噴塗板件周圍區域進行除油清潔。

(3) 遮蔽。遮蔽的原則是將不需要面漆噴塗的部位、部件用遮蔽膠帶、遮蔽膜(紙)保護起來。當遮蔽邊界是密封條、飾條和把手時，沿這些邊界貼護即可；當是在板件內進行局部修補時，應在噴塗的分界線採用反向貼護，避免噴塗臺階出現。

2. 面漆的調配

(1) 嚴格按照面漆產品調配比例要求，正確選用、添加固化劑、稀釋劑。

(2) 攪拌均勻後，用廠家要求的專用過濾網過濾。

(3) 選用面漆噴槍，並將過濾後的塗料裝入噴壺。

3. 清潔除油、粘塵

使用清潔劑對工件進行清潔除油後，用粘塵布粘去表面的灰塵、纖維等細小雜質，減少面漆上的髒點、塵點。

4. 噴槍的調試

按照塗料廠家要求和噴槍的使用說明，合理調整噴槍的出漆量、噴幅和氣壓。通過在試槍紙上試噴，檢查噴槍性能，調整噴塗效果，見表5-1-1。

表5-1-1 面漆噴槍的選用

面漆類型	噴槍要求
單工序素色漆	口徑1.4 mm 的上壺式或口徑1.6 mm 的下壺式面漆槍
雙工序素色漆、銀粉漆、珍珠漆	口徑1.3～1.4 mm 的上壺式或口徑1.4～1.6 mm 的下壺式面漆槍
清漆	口徑1.3～1.4 mm 的上壺式或口徑1.4～1.6 mm 的下壺式面漆槍
水性底色漆	口徑1.2～1.3 mm，建議使用高流量低氣壓噴槍（HVLP）

通常面漆噴槍扇面調整為15～20 cm，噴槍氣壓參照表5-1-2 調整。

表5-1-2 面漆噴槍的氣壓

噴槍類型	單工序素色漆槍尾氣壓（kPa）	雙工序純色漆、銀粉漆和珍珠漆槍尾氣壓（kPa）	清漆槍尾氣壓（kPa）	水性底色漆槍尾氣壓（kPa）
傳統噴槍	300~400	第一遍（第二遍）遮蓋層300~400，霧噴層200	300~400	第一遍（第二遍）遮蓋層300~400，霧噴層200
低流量中氣壓噴槍	200~220	第一遍（第二遍）遮蓋層200~250，霧噴層150	200~250	第一遍（第二遍）遮蓋層150~200，霧噴層120~150

噴槍類型	單工序素色漆槍尾氣壓（kPa）	雙工序純色漆、銀粉漆和珍珠漆槍尾氣壓（kPa）	清漆槍尾氣壓（kPa）	水性底色漆槍尾氣壓（kPa）
高流量低氣壓噴槍（HVLP）	180~200	第一遍（第二遍）遮蓋層130~180，霧噴層110~120	180~200	第一遍（第二遍）遮蓋層120~150，霧噴層100~120

(二)面漆的噴塗

1. 單工序素色漆的噴塗

(1) 噴塗。整噴方法：可先進行中塗底漆區域預噴塗1~2層進行遮蓋，一般再整體噴塗2層即可達到遮蓋的膜厚，如果漆料遮蓋力差也可噴塗3~4層，保證完全遮蓋，每層中間需閃乾5~10 min。

局部小修補噴塗方法：多採用駁口修補方法。噴槍扇面調整為10~15 cm，噴槍氣壓縮小至100~200 kPa，減少出漆量。先按照從小到大方式噴塗中塗底漆區域至完全遮蓋，層間閃乾5~10 min；然後以1:1比例添加駁口稀釋劑，快速而均勻噴塗過渡的駁口區域；最後使用純駁口稀釋劑繼續均勻噴塗過渡的駁口區域。

(2) 乾燥。閃乾10 min後進行，烤房溫度控制在60~80 ℃，在工件表面60 ℃下烤30 min即可烤乾。

(3) 清洗噴槍、噴壺。

(4) 去除遮蔽紙。烘烤完成後，塗層未冷卻前，及時去掉與修補塗膜連接的遮蔽膠帶、遮蔽紙，保留其他的遮蔽用於拋光時的保護。

2. 雙工序純色漆、銀粉漆和珍珠漆的底色漆噴塗

與單工序素色漆的噴塗相比，雙工序純色漆、銀粉漆和珍珠漆底色漆的噴塗不同主要在於噴塗方法方面，其他步驟和工藝基本相同。

(1) 整噴。

①首先，進行中塗底漆區域預噴塗1~2層進行遮蓋，一般再整體噴塗2層即可達到遮蓋的膜厚，保證完全遮蓋，每層中間需閃乾5~10 min。如連續噴塗過厚會導致溶劑揮發時形成失光、針孔、溶劑泡等現象。

②其次，對於銀粉漆和珍珠漆應噴霧噴層，用以調整銀粉和珍珠顆粒的排列，使顏色效果更好。

③最後，必須充分閃乾後才可以噴塗清漆，需15~20 min的閃乾時間。如果閃乾不夠，清漆中的溶劑會溶解底色漆的銀粉、珍珠，導致銀粉、珍珠起雲、發花的現象出現。

注意：如底色漆膜出現髒點、塵點或輕微瑕疵時，可在充分乾燥後採用P1000砂紙乾磨處理，或採用P1500~P2000砂紙濕磨處理，最後在打磨處理處補噴色漆。

(2) 局部小修補噴塗方法：多採用駁口修補方法。噴槍扇面調整為10~15 cm，噴槍氣壓縮小至100~200 kPa，縮小出漆量。先按照從小到大方式噴塗中塗底漆區域至完全遮蓋，層

間閃乾5～10 min；然後均勻噴塗過渡的駁口區域，消除過渡痕跡，減小色差。

3. 三工序珍珠漆的底色漆、珍珠色漆的噴塗

三工序珍珠漆整噴難度極大，下麵只以三工序珍珠漆的底色漆、珍珠色漆修補噴塗要點來介紹。

(1) 噴塗底色漆層。逐層向外擴大噴塗區域，並要求完全遮蓋中塗底漆。最後一層還可添加50%的稀釋劑，向外延伸形成平滑的暈色區域。

(2) 噴塗底色層清漆。採用按廠家說明配製的底色層清漆，薄噴修補區域1~2次，防止暈色區域因漆塵、靜電形成的珍珠排列不均勻現象。

(3) 噴塗珍珠層。
①可根據需要進行珍珠層渾濁噴塗，形成中間顏色層，使暈色區域模糊。一般採用在已稀釋的珍珠層塗料中加入少量已稀釋的底色層塗料。②依據分色試色板確定珍珠層噴塗層數，並逐層外延使顏色過渡良好，儘量消除色差。

注意：由於三工序珍珠漆的珍珠層層數多少對顏色影響十分明顯，導致三工序珍珠漆噴塗的色差控制困難。因此，需要在噴塗前製作分色試色板，即噴塗不同層數的珍珠層進行比色，確定色差最小的珍珠層層數。

(4) 噴塗清漆。確認三工序珍珠漆的底色漆、珍珠色漆的噴塗完畢後，進行清漆噴塗。

(三)清漆噴塗

雙工序、三工序面漆的最後塗層是清漆層，清漆的作用主要是保證漆面的光亮度、豐滿度的裝飾美化，為底層提供保護性、耐久性。清漆有單組分、雙組分之分，目前多用雙組分清漆。具體的噴塗要點介紹如下：

1. 粘除底層漆塵

底層漆噴塗後常會在表面留下漆灰，可用粘塵布清潔表面。但必須是在底層漆膜完全乾燥後進行。

2. 清漆的調配

(1) 嚴格按照清漆產品調配比例要求，正確選用和添加固化劑、稀釋劑。

(2) 攪拌均勻後，用廠家要求的專用過濾網過濾。

(3) 選用清漆噴槍，並將過濾後的塗料裝入噴壺。

3. 噴槍的調試

按照塗料廠家要求和噴槍的使用說明，合理調整噴槍的出漆量、噴幅和氣壓。通過在試槍紙上試噴，檢查噴槍性能，調整噴塗效果，通常清漆噴槍扇面調整為15～20 cm。

4. 清漆的噴塗

(1)整噴。一般噴塗2層。首先，按1/2 重疊法中濕噴塗第一層，閃乾5～10 min。其次，

按3/4 重疊法全濕噴塗第二層，閃乾10 min。最後，充分閃乾後進行乾燥。烤房溫度控制在60～80 ℃，在工件表面60 ℃時乾燥30 min 即可烤乾。其他步驟和要點與前面介紹的單工序純色漆的噴塗相同。

(2) 局部小修補噴塗方法：多採用駁口修補方法。噴槍扇面調整為10～15 cm，噴槍氣壓縮小至100～200 kPa，減少出漆量。按照從小到大方式噴塗修補區域。首先，第一層採用中濕噴塗在底色區域；其次，待閃乾5～10 min 後，第二層採用全濕噴塗擴大噴塗區域，並按1:1比例添加駁口稀釋劑，使駁口區域噴塗均勻化；最後，使用純駁口稀釋劑均勻駁口區域，消除過渡痕跡。

三、漆膜的外觀檢查

車輛板件修補塗裝作業完成以後，應對漆膜品質進行檢驗，檢驗方法分為儀器檢測法和目視檢查法兩種。在實際工作中，多採用目視檢查法，通過在自然的光照下觀察漆膜外觀的形態來檢驗修補的漆膜效果。具體的漆膜外觀檢驗專案及方法如下：

1. 光澤度

光澤度即指亮度，是指漆膜表面受光照射時向一定方向反射的效果，即鏡面效果。多在側面進行觀察，可在側面觀察對比前後板件 (如前後車門)的光澤，比較其是否飽滿、是否均勻一致。

2. 紋理

紋理也稱為"橘紋"，是指漆膜表面出現的類似橘皮狀的紋理，與漆膜的流平性關係極大，流平性越差橘紋越明顯，反之亦然。原裝漆膜和修補塗膜都存在橘紋，如果存在噴塗技術不良、噴塗距離不當、噴塗厚度不合理等原因，則會形成橘紋過重或橘紋不明顯的狀況。可觀察對比前後板件 (如前後車門)的橘紋是否一致來評價，實際的經驗是在日光燈光源照射下觀察反射光的清晰程度。

3. 平整度、線條形狀

檢查原子灰修補區域的表面是否平整，以及線型、弧型是否恢復原樣，是否存在修補痕跡等。這些都可通過板件側面觀察表面的反射狀態來判斷。

4. 鮮映性

鮮映性是塗膜表面在光照射下的綜合反映，是光澤、紋理的綜合效果，是漆膜平滑性和光澤度的共同反映。所以，鮮映性是塗膜外觀裝飾性的最重要指標，可通過觀察對比前後板件(如前後車門)的成像清晰度來評價。

5. 色差

色差是塗膜表面在光照射下的顏色差異。噴塗技術不良、噴塗手法不當、噴塗厚度不均等許多原因都會造成顏色的不同。色差可在不同角度觀察前後板件 (如前後車門)的顏色來評估。

6.其他缺陷

其他缺陷包括砂紙痕、原子灰印、流掛、髒點、魚眼、起雲、發花、露底、咬底等，這些可在明亮的光線下進行不同角度的觀察。

任務實施
面漆噴塗作業(以雙工序銀粉漆整板噴塗為例)

一、作業準備

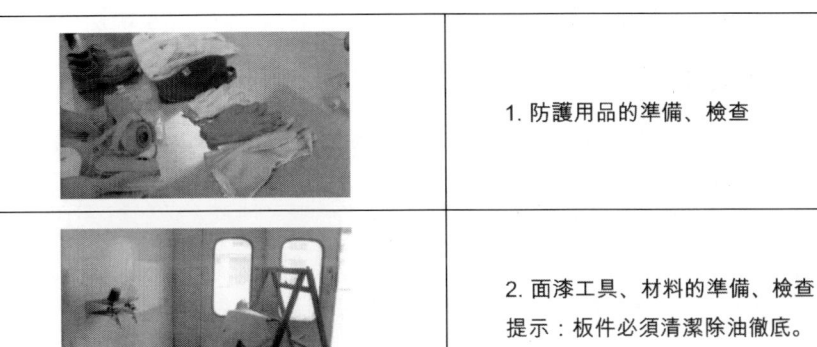

	1. 防護用品的準備、檢查
	2. 面漆工具、材料的準備、檢查 提示：板件必須清潔除油徹底。

二、操作步驟

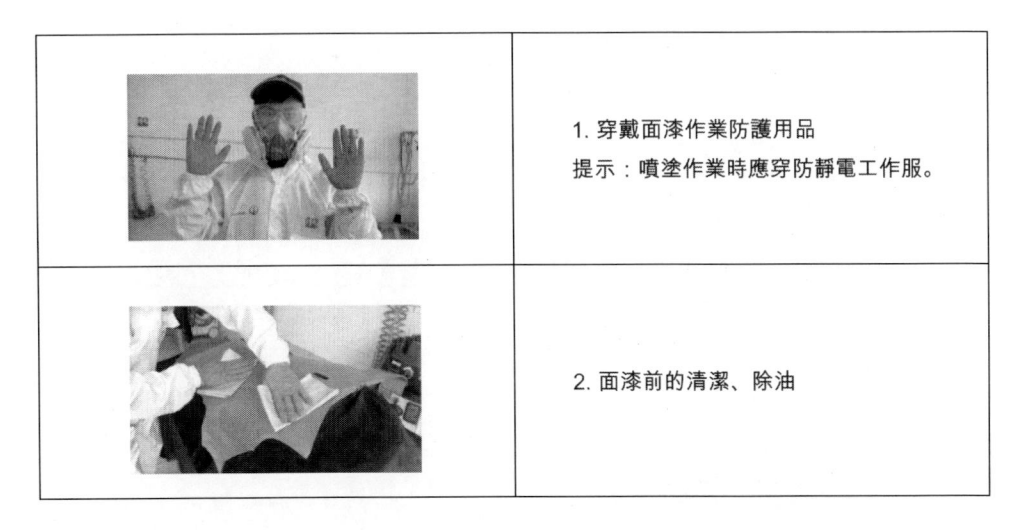

	1. 穿戴面漆作業防護用品 提示：噴塗作業時應穿防靜電工作服。
	2. 面漆前的清潔、除油

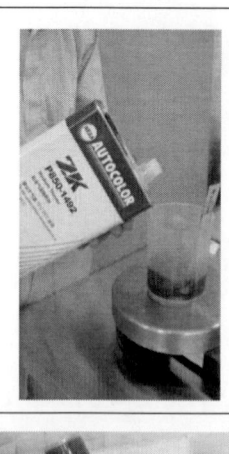

3. 底色銀粉漆的準備

（1）底色銀粉漆的調配。

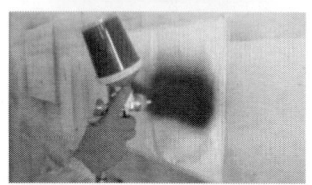

（2）試噴檢查。

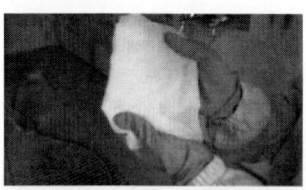

（3）粘塵。
①將粘塵布完全打開，然後反向疊起。
②把板件表面和邊緣處的塵粒粘除乾淨。

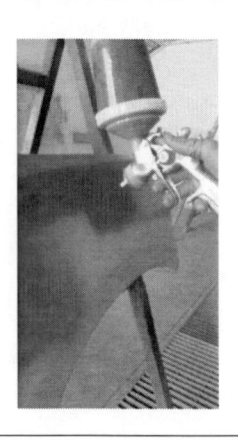

4. 底色銀粉漆的噴塗

（1）整板噴塗2層即可達到遮蓋的膜厚，保證完全遮蓋，每層中間需閃乾5～10 min。

提示：如連續噴塗過厚會導致溶劑揮發時形成失光、針孔、溶劑泡等現象。

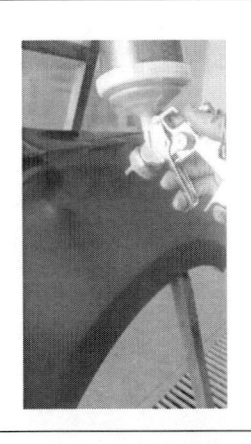

（2）整板霧噴。用以調整銀粉和珍珠顆粒的排列，使顏色效果更好。

5. 清漆噴塗前的準備

（1）清漆的調配。

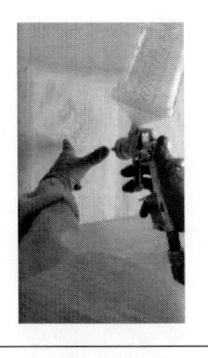

（2）試噴檢查。

6. 清漆噴塗

一般噴塗2層，中間閃幹3～5 min。

提示：①必須充分閃幹後才可以噴塗清漆，需15～20 min。如閃幹不夠，清漆中的溶劑會溶解底色漆的銀粉、珍珠，導致銀粉和珍珠起雲、發花的現象出現。②如底色漆膜出現髒點、塵點或輕微瑕疵時，可在充分乾燥後採用P1000砂紙乾磨處理，或採用 P1500~P2000 砂紙濕磨處理，最後在打磨處理處補噴色漆。

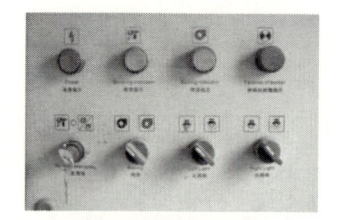

7. 充分閃乾後進行乾燥

烤房溫度控制在 60～80 ℃，在工件表面 60 ℃時乾燥30 min 即可烤乾。

其他步驟和要點與前面介紹的單工序純色漆的噴塗相同。

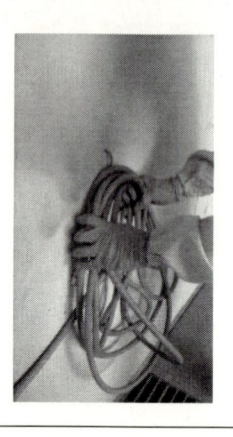

8. 整理、清潔
(1) 整理氣管。
(2) 去除遮蔽紙。
(3) 清洗噴槍、噴壺。

任務檢測

一、選擇題

1. 調整噴槍時，如果噴塗出的流痕兩邊長中間短，則表示(　　)。
   A. 出漆量調整過小　　　　　　　　B. 氣壓調整過高
   C. 扇面調整過寬　　　　　　　　　D. 塗料黏度過高

2. 漆膜起霧產生的原因有(　　)。
   A. 天氣比較潮濕　　　　　　　　　B. 使用品質差的稀釋劑
   C. 使用噴槍吹乾溶劑型油漆的漆膜　D. 使用乾燥速度過快的稀釋劑

3. 局部修補色漆、整噴清漆時，需要使用的打磨材料有(　　)。
   A. P800～P1000的精磨砂棉　　　　B. 紅色菜瓜布
   C. P400～P500乾磨砂紙　　　　　 D. 灰色菜瓜布

4. 噴槍的調整包括(　　)要素。
   A. 噴槍壓力的調整　　　　　　　　B. 扇面的調整
   C. 塗料流量的調整　　　　　　　　D. 噴塗距離的調整

二、判斷題

1. 面漆噴槍的噴幅相對比底漆噴槍更寬，霧化區比濕潤區要更寬大。　　(　　)

2. 面漆前遮蔽可以在烤漆房內完成。（　）
3. 噴塗面漆時,可先對中塗底漆部位噴塗1~2層面漆,以預先遮蓋中塗底漆。（　）
4. 漆膜表面如果出現起泡,可以通過拋光解決。（　）
5. 面漆沒有完全乾燥即拋光會導致失光。（　）

任務評價

班級：		姓名：			
評價內容	過程性評價		終結性評價	持續發展性評價	評價人
知識評價					自評
					互評
					教師評價
					總評
技能評價					自評
					互評
					教師評價
					總評
情感評價					自評
					教師評價
					企業評價
					總評

任務拓展

水性漆的噴塗

水性漆包括水性環氧底漆、水性中塗底漆、水性底色漆、水性清漆,目前廣泛使用的是水性底色漆,其噴塗作業與油性漆噴塗有許多相同之處,下面以水性底色漆為例介紹水性漆噴塗的特點。

一、清潔除油、粘塵

使用水性清潔劑和溶劑型清潔劑分兩次除油,須按照廠家說明選擇清潔的順序,採用乾濕法對工件進行清潔除油,然後用粘塵布粘去表面的灰塵、纖維等細小雜質,減少面漆上的髒點、塵點。

二、水性底色漆的調配

(1) 嚴格按照產品調配比例要求，正確選用、添加水性稀釋劑，一般為10%～30%。
(2) 攪拌均勻後，用廠家要求的水性專用過濾網過濾。千萬不可使用普通過濾網過濾。
(3) 選用水性底色漆噴槍，並將過濾後的塗料裝入。

三、噴槍的選用、調試

按照塗料廠家要求選用水性底色漆噴槍，並按廠家噴槍使用說明，合理調整噴槍的出漆量、噴幅和氣壓。通過在試槍紙上試噴，檢查噴槍性能，調整噴塗效果。

四、水性底色漆的噴塗

1. 整噴

應按廠家說明施工。①噴塗方法。由於水性底色漆的遮蓋力好，一般水性純色底色漆先噴塗1個雙層，最後噴一個霧噴層即可；水性銀粉漆、珍珠底色漆可先噴塗2個雙層，最後噴一個霧噴層即可。②吹乾方法。層間需使用專用吹風機沿板件45°角、距離30～50 cm 斜吹表面，吹乾至啞光狀態。③塵點處理。底色漆吹乾後如表面存在塵點，可使用P1000 精棉砂紙打磨去掉，然後在打磨區補噴一層水性底色漆並吹乾。④清漆噴塗。在霧噴層完全乾燥後進行清漆噴塗，噴塗要點與溶劑性類似。⑤烘烤。應按廠家說明進行烘烤，一般烤房溫度控制在60～80 ℃，在工件表面60 ℃時乾燥30 min 即可烤乾。

2. 局部小修補噴塗方法

多採用駁口修補方法。噴槍氣壓縮小至120～150 kPa，減少出漆量。首先，在底色漆修補區域向外50 cm 範圍噴水性漆控色劑；其次，應從小到大的方法噴塗水性底色漆遮蓋中塗底漆。水性純色底色漆一般噴塗1個雙層後即可進行駁口過渡；水性銀粉漆、珍珠底色漆可噴塗2個雙層至完全遮蓋中塗底漆後即可進行駁口過渡。每噴1個雙層需使用專用吹風機沿板件45°角、距離30～50 cm 斜吹表面，吹乾至亞光狀態。局部小修補噴塗的步驟及要點與整噴一樣。

任務二 拋光處理

任務目標

目標類型	目標要求
知識目標	(1) 能理解拋光的作用、分類 (2) 能描述拋光的機理 (3) 能描述拋光的設備和材料 (4) 能描述拋光的流程
技能目標	(1) 能熟練使用拋光的設備、工具和材料 (2) 能按照拋光施工流程熟練完成拋光作業
情感目標	(1) 具有作業現場的""5S"習慣 (2) 養成個人防護安全、環保觀 (3) 養成作業品質、效率觀 (4) 養成汽車外觀裝飾美化的鑒賞能力

任務描述

對已完成面漆噴塗的車身修補板件，經完全乾燥後應實施面漆後的處理，即拋光作業。

任務準備

一、拋光的作用和分類

(一)拋光的作用

拋光的目的是""出光澤""，是為了增加漆膜的光澤度與平滑度，消除漆面的漆粒、""橘皮""和輕微的流痕、劃痕、砂紙痕等細小缺陷。拋光適用於新噴塗面漆和舊漆膜翻新，新車、出售車、修補車輛漆面常常採用拋光提高漆面外觀效果。

一般來說，拋光後可以通過打蠟來保護漆膜。打蠟的蠟質在漆膜表面乾燥後形成薄的蠟膜，蠟膜可以反射陽光的紫外線，從而降低紫外線對漆膜的破壞；蠟膜具有一定的硬度，可以減輕漆膜的劃傷；蠟膜還可以提高漆膜的光澤度、豐滿度。

(二)拋光的分類

拋光按不同的漆膜條件可分為新噴塗面漆拋光和舊漆膜翻新拋光。

1. 新噴塗面漆拋光

修補噴塗面漆的表面會存在細小的缺陷，會存在塵點、流痕、"橘皮"和輕微的流痕、劃痕、砂紙痕，為了與相鄰板件的表面效果一致，應對新噴塗面漆進行拋光作業。

一般新車的新塗膜不需要拋光。但如果新車在生產、運輸、存放上造成灰塵、麻點或劃痕等現象，也應在新車交付車主前進行拋光。

2. 舊漆膜翻新拋光

使用過程中的車輛，常會受使用環境條件的不良影響而產生缺陷，如塗膜表面老化出現侵蝕，附著有水銹、污物，形成細微劃痕等。對使用過程中的車輛拋光打磨能清除污物，恢復光澤。

二、拋光的機理

(一)面漆塗膜表面拋光的效果

由於漆面的光澤是受到光的反射作用而形成的，光澤與塗膜表面平滑度有直接的關係。如塗膜表面粗糙，光就會擴散反射到表面上形成無數個小痕跡，使光澤降低；如對漆面實施拋光作業，使塗膜表面平滑，光就會反射到平滑表面上使光澤提高。如圖5-2-1 所示。

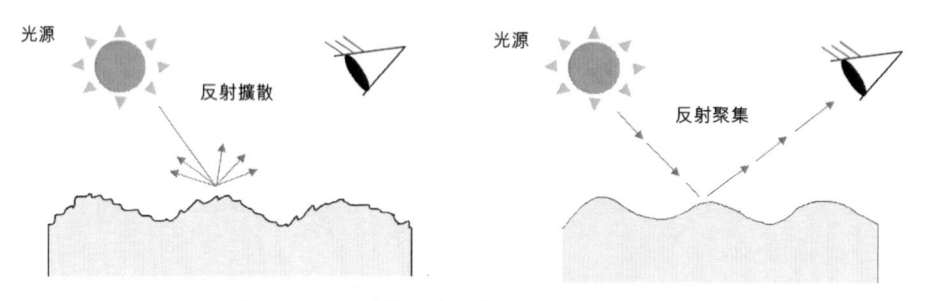

圖5-2-1 漆面光澤與塗膜表面平滑度的關係

(二)拋光效果的影響因素

影響拋光效果的主要因素包括壓力、細微性、速度。因此，在實際的拋光作業時應協調、平衡三者的關係。同時，要注意拋光時產生的摩擦熱和靜電，它們會對拋光作業帶來不利的影響。如圖5-2-2 所示。

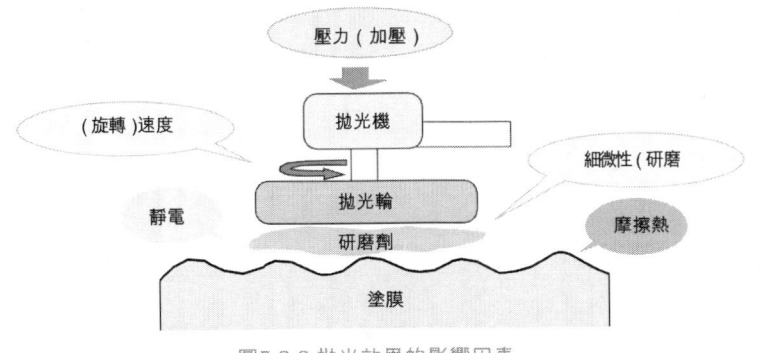

圖5-2-2 拋光效果的影響因素

(三)拋光作業的注意事項
(1) 對修補塗膜的拋光，一定要在塗膜充分乾燥固化後才能進行。
(2) 應根據面漆類型和顏色來選擇拋光劑，如深色顏色選用深色的拋光劑。
(3) 如拋光面積較大，可將拋光機轉速調整為1200r左右，以縮短作業時間。
(4) 由於拋光劑含有溶劑，需避免長時間塗抹在漆面上，否則會引發漆膜變化。

三、拋光機和研磨材料

(一)拋光機

拋光機是高品質、高效率地完成拋光作業必要的工具。拋光機根據驅動方式的不同，可分為電動式、氣動式；根據旋轉方式的不同，可分為單動作、雙動作。拋光機本身有一定的重量，拋光研磨時可利用這個重量進行穩定。

(二)拋光盤(輪)

拋光盤是安裝在拋光機上，用來塗抹拋光劑打磨塗膜的工具。按材料可分為海綿、羊毛、毛巾拋光盤。拋光盤的種類不同，其研磨力的大小不同，需注意選用。一般研磨力大小為毛巾拋光盤最大、羊毛拋光盤次之、海綿拋光盤最小。

需要注意的是拋光盤的清潔。拋光盤使用時會黏附大量的拋光粉末、髒物，對漆面會造成劃傷，應及時對拋光盤進行清潔。清潔方法如下：①氣壓清潔。一般添加拋光劑3～5次後進行。②毛刷清潔。一般氣壓清潔2～4次後進行，注意金屬類毛刷清潔時易損傷羊毛、海綿。③洗滌。當拋光盤表面髒物多時，用清洗劑浸泡清潔。

(三)研磨材料

拋光作業使用的研磨材料對漆面起研磨的作用，主要有研磨石、水砂紙、百潔布、膜狀砂紙和拋光劑。研磨材料需根據漆面狀況和作業工序等合理選用，見表5-2-1。

表5-2-1 研磨材料的分類和性能

研磨材料	性能
研磨石	對塗膜表面的異物（塵粒或碎粒）、流痕等的後續處理時（即水磨）需使用研磨石
砂紙	因研磨粒子被固定在平面上，切削性能良好。可根據打磨目的選用粒子大小、種類、排放方式不同的砂紙
百潔布	把研磨粒子固定在無紡布上，研磨壽命較長，多用在曲面或複雜形狀部位的打磨
超精密研磨材料	把研磨粒子黏結在底片上，打磨後漆膜的肌理效果好，能使複合物拋光研磨的時間縮短
拋光劑	由於是游離的粒子，研磨細微性小，配合使用拋光盤導致切削量的變化，不會形成深的傷痕，容易得到光澤，使用廣泛

(四)拋光劑

1. 拋光劑的組成

常用的拋光劑由研磨粒子（二氧化矽、氧化鋁、矽酸鋁等）、水和混合溶劑、乳化劑、上光劑等成分組成，其中研磨粒子用於研磨塗膜，水和混合溶劑用於輔助研磨、提高作業效率，乳化劑用於保持整體的均勻狀態，上光劑用於提高光澤度。

2. 拋光劑的特性

拋光劑的特性表現為細微性越粗其研磨力越強，拋光效果越差，反之細微性越小其研磨力越小，拋光效果越好。拋光開始時拋光劑呈凝膠狀，隨後會變成粉狀，在拋光過程中研磨力會越來越小，而拋光效果越來越好。如圖5-2-3 所示。

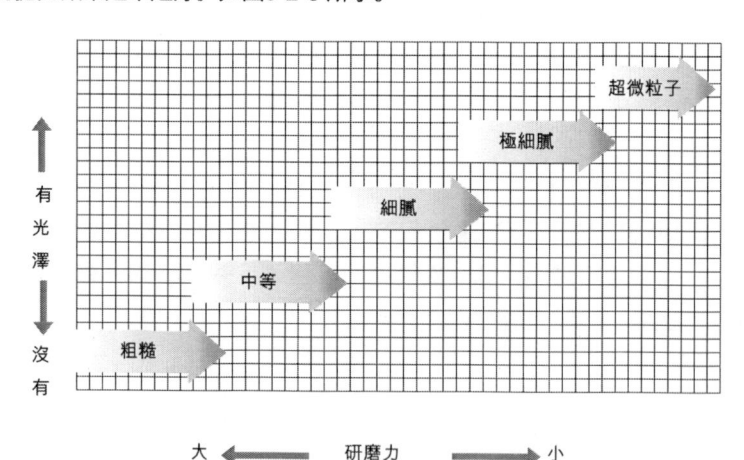

圖5-2-3 拋光劑研磨力和光澤的關係

3. 拋光劑的使用方法

為了熟練地使用拋光劑，要充分瞭解研磨材料的特性，需要注意以下事項：

(1) 拋光劑的用量。拋光劑的用量要求，一般一次以研磨邊長為50 cm 正方形為基準，使用3～4個彈珠球的拋光劑量。如太多則易打滑，造成不能研磨的時間變長；反之，如太少則拋光劑很快會乾燥，造成研磨量不足。

(2) 塗抹拋光劑的方法。為了能將拋光劑在拋光盤面上均勻擴展，防止拋光劑的飛濺，應直接在拋光盤上分幾個地方塗抹，儘量不要直接在車身上塗抹拋光劑。

(3) 轉速調整。為了防止拋光劑的飛散，開始拋光時將拋光盤輕輕壓在塗膜面，低速旋轉使全部拋光劑融合到拋光盤上，而後逐漸增加轉速，千萬不要一下子就使研磨機高速旋轉。對於沒有旋轉速度調整結構的研磨機，應多分幾次開關調整其旋轉速度。

注意：拋光劑飛散後到附近區域，長時間放置就會導致溶劑侵蝕漆面。

(4) 添加拋光劑。當研磨作業至完全乾燥時，拋光劑會變成粉狀而失去研磨力。因此，在拋光劑變成粉狀之前需適量添加拋光劑。另外，在有較多的溶劑和水分的狀態下也應添加，否則拋光劑本來的性能不能充分發揮。

(5) 水的使用。在研磨作業的不同環節、場所，水的使用目的和方法不同。見表5-2-2。

表5-2-2 水的使用

用水時機	用水目的	施工方法
拋光劑乾燥時	幫助研磨	噴霧。在拋光輪或塗裝面上直接噴極少量水，使乾燥狀態的研磨粒子可再利用
局部研磨，發熱使板件膨脹時	降低板件的溫度	用乾淨的毛巾吸水後擦拭板件
濕度低、容易帶電時	防止靜電	先對板件輕輕霧噴，再用乾淨的毛巾抹拭

為了提高拋光劑的拋光效果和作業效率，需注意以下方面：①避免打磨過熱現象出現。拋光劑的操作方法要正確，拋光機的運行速度要控制，作業環境溫度不能過高等。②儘量清潔灰塵，及時清潔拋光輪和粉塵。③儘量清除污垢 (如蠟和密封膠)，否則異物會弄傷塗膜，蠟和密封膠會產生""溶渣""，致使打磨拋光作業困難。

(五)拋光輪與拋光劑的關係

根據打磨目的不同，對研磨材料的材質、種類及細微性要求也不同。因此，拋光劑和拋光輪配合的選擇十分重要。見表5-2-3。

表5-2-3 拋光輪與拋光劑的關係

拋光劑的種類	用途	配合的拋光輪
粗糙	粗研磨使用	毛巾拋光輪
中等		
細膩	中研磨使用	羊毛拋光輪
極細膩	完成研磨使用	海綿拋光輪（發泡粗糙型）
超微粒子	完成濃彩色漆面研磨使用	海綿拋光輪（發泡細膩型）

注意：由於研磨材料含少量的二氧化矽和氧化鋁，如按中等→細膩→極細膩順序打磨，則能除去研磨痕；如按中等→極細膩的順序就很難除去研磨痕，會留下拋光漩渦痕。

四、拋光流程

(一)拋光前的遮蔽

為了防止拋光打磨時損傷其他車身部位、部件，避免拋光劑、粉塵沾在不需要打磨的漆膜表面，需要在拋光前進行遮蔽保護，一般可利用面漆噴塗時的遮蔽。

(二)打磨缺陷部位

通常可用半彈性墊塊襯P1000 水磨砂紙打磨缺陷部位，然後依次使用P1500、P2000 水磨砂紙打磨缺陷部位。也可用偏心距小於3 mm 的雙動作打磨機配合P1000、P2000、P4000 水磨砂紙依次打磨缺陷部位，要求把流痕、劃痕、髒點打磨平整，達到無光狀態。同時，需注意不能打磨過度，使漆膜打穿，否則要重新噴塗處理。

(三)拋光打磨

1. 粗磨

(1) 清潔拋光區域。

(2) 使用白色羊毛拋光輪配合粗拋光劑拋光打磨，轉速1000～1500 r/min。一次打磨面積不宜過大，長寬分別為60　cm。注意邊角、棱角不要磨穿。要求磨除砂紙痕，呈現部分光澤。

2. 細磨

(1) 清潔粗拋光殘留物，需要使用乾淨的軟布擦乾淨。

(2) 使用黃色海綿拋光輪配合細拋光劑拋光打磨，轉速1800 r/min。要求磨除粗磨砂紙痕，呈現良好的亮光度和豐滿度。

（3）對於深色漆面，使用黑色海綿拋光輪配合更細拋光劑打磨，消除前一道拋光痕跡。

注意：對於局部修補區域的打磨，由於修補區域邊緣塗膜薄，應使用小型拋光機配合細拋光劑拋光，不需要粗打磨。

(四)拋光後的清潔

使用乾淨的軟布擦淨拋光區域。

任務實施

一、作業準備

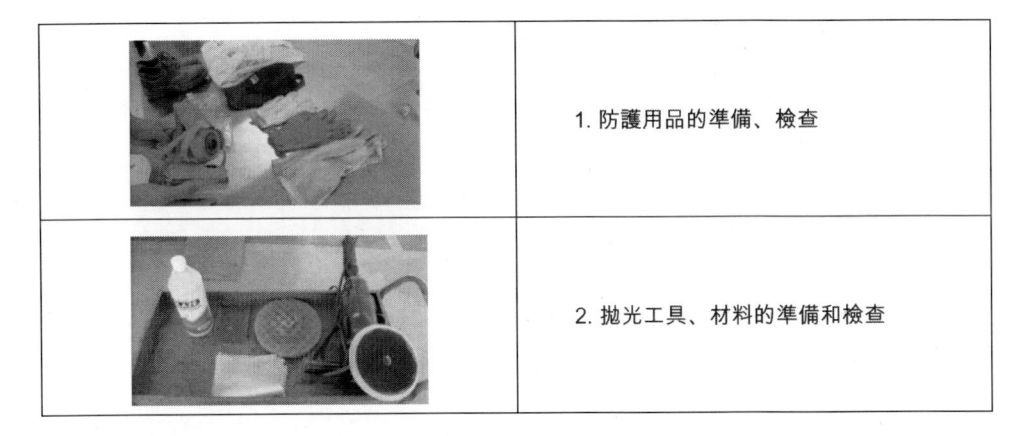

	1. 防護用品的準備、檢查
	2. 拋光工具、材料的準備和檢查

二、操作步驟

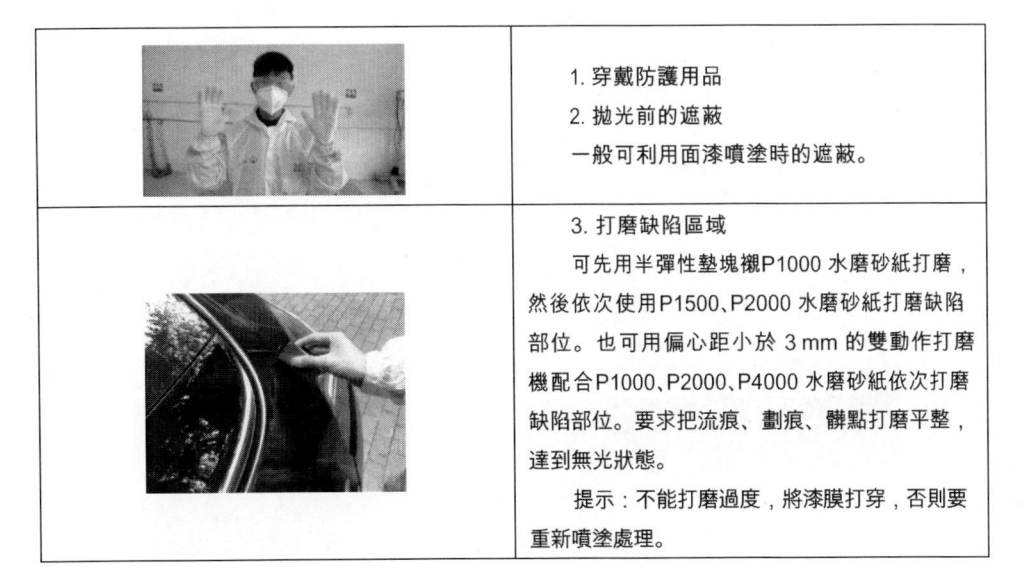

	1. 穿戴防護用品 2. 拋光前的遮蔽 一般可利用面漆噴塗時的遮蔽。
	3. 打磨缺陷區域 　　可先用半彈性墊塊襯P1000水磨砂紙打磨，然後依次使用P1500、P2000水磨砂紙打磨缺陷部位。也可用偏心距小於3 mm的雙動作打磨機配合P1000、P2000、P4000水磨砂紙依次打磨缺陷部位。要求把流痕、劃痕、髒點打磨平整，達到無光狀態。 　　提示：不能打磨過度，將漆膜打穿，否則要重新噴塗處理。

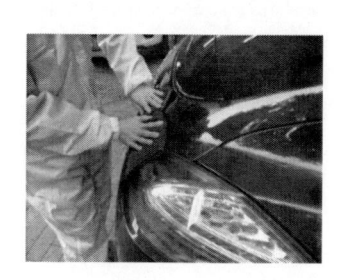

4. 拋光打磨
（1）粗磨。
①清潔拋光區域。

②使用白色羊毛拋光輪配合粗拋光劑拋光打磨，轉速1000～1500 r/min。一次打磨面積不宜過大，長寬分別為60 cm。注意邊角、棱角不要磨穿。

提示：要求磨除砂紙痕，呈現部分光澤。

（2）細磨。
①清潔粗拋光殘留物，需要使用乾淨的軟布擦乾淨。

②選用深色海綿拋光輪配合細拋光劑拋光打磨。

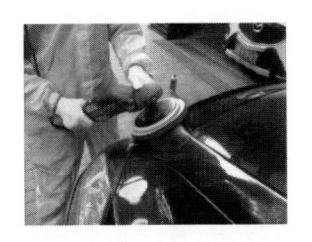

③調整轉速為 1800 r/min。要求磨除粗磨砂紙痕，呈現良好的亮光度和豐滿度，消除前一道拋光痕跡。

提示：對於局部修補區域的打磨，由於修補區域邊緣塗膜薄，應使用小型拋光機配合細拋光劑拋光，不需要粗打磨。

5. 拋光後的清潔、整理

使用乾淨的軟布擦淨拋光區域。按照""5S""規範清潔、整理工位元、工具和材料等。

任務檢測

1. 拋光使用的打磨機的偏心距比研磨中塗底漆的打磨機的偏心距大。（　）
2. 拋光主要是為了消除漆面的顆粒、輕微流痕、橘皮等漆膜表面缺陷，增加漆膜的光澤度與平滑度。（　）
3. 打蠟的作用是保護漆面，拋光的作用是去除漆面缺陷。（　）
4. 拋光時應該佩戴活性炭防護口罩、防護眼鏡和安全鞋。（　）
5. 拋光可以使用小型打磨機和拋光機進行點打磨和點拋光，高效且材料成本低。（　）
6. 白色羊毛拋光輪用於細拋光。（　）
7. 淺色的漆面拋光後更容易看出拋光輪轉動形成的拋光紋痕跡。（　）
8. ""橘皮""比較輕微時，可以打磨、拋光處理；若比較嚴重時，需要打磨至""橘皮""完全去除後重新噴塗。（　）
9. 羊毛拋光輪的研磨力比海綿拋光輪的研磨力大，拋光平滑性更好。（　）
10. 雙動作拋光機的切削力、研磨力都比單動作拋光機大。（　）

任務評價

班級		姓名：			
評價內容	過程性評價		終結性評價	持續發展性評價	評價人
					自評

							互評
知識評價							教師評價
							總評
							自評
技能評價							互評
							教師評價
							總評
							自評
情感評價							教師評價
							企業評價
							總評

任務拓展

一、深度劃痕的拋光處理

漆膜表面形成的劃痕有深淺和大小的不同，其中深度劃痕比起細微劃痕而言，由於反射量小表現不顯眼，難以確認；同時，僅採用一般的研磨方法難以去除，難以恢復光澤。實踐中可參照圖5-2-4所示，針對劃痕調整拋光輪的移動方向、旋轉方向，使劃痕的棱角磨掉變圓，劃痕就不易看見。

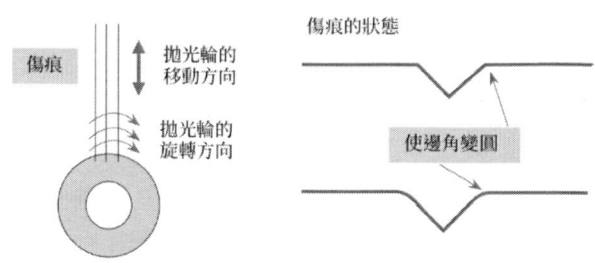

圖5-2-4 深度劃痕的拋光處理

二、駁口修補區域的拋光處理

車身修補塗裝包括整塊修補、駁口修補及小範圍修補等，駁口修補及小範圍修補作業往往會出現駁口區域周邊的紋理粗糙，駁口水也會影響漆膜光澤。因此，駁口修補區域的拋光處理十分重要，可以使粗糙的肌理變好和出現光澤，如圖5-2-5 所示。具體的拋光作業可以按清潔、水研磨、拋光劑研磨的順序來進行。

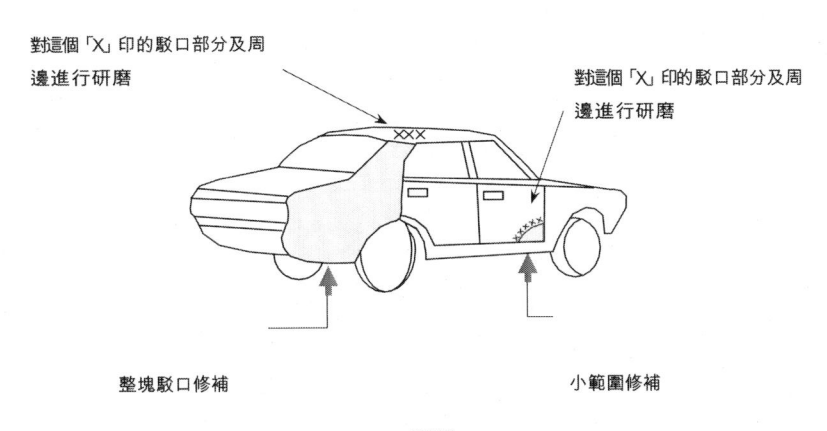

圖5-2-5 駁口修補區域

1. 清潔除油

駁口區域周圍用不含矽的除油劑和毛巾來清潔除油。

2. 水研磨

如圖5-2-6 所示，可用P3000 的水砂紙在圖中""X"印駁口部位進行水研磨。從修補區向未修補區方向研磨，並注意不要磨掉修補塗膜。對於使用了駁口水的區域，可不用砂紙研磨，但對附有灰塵、碎粒的部位還是要用砂紙研磨。然後，檢查修補駁口部位接近舊塗膜（圖中" ○ "）處，如果有麻點、微小塵粒，可用P3000 的水砂紙輕輕研磨。

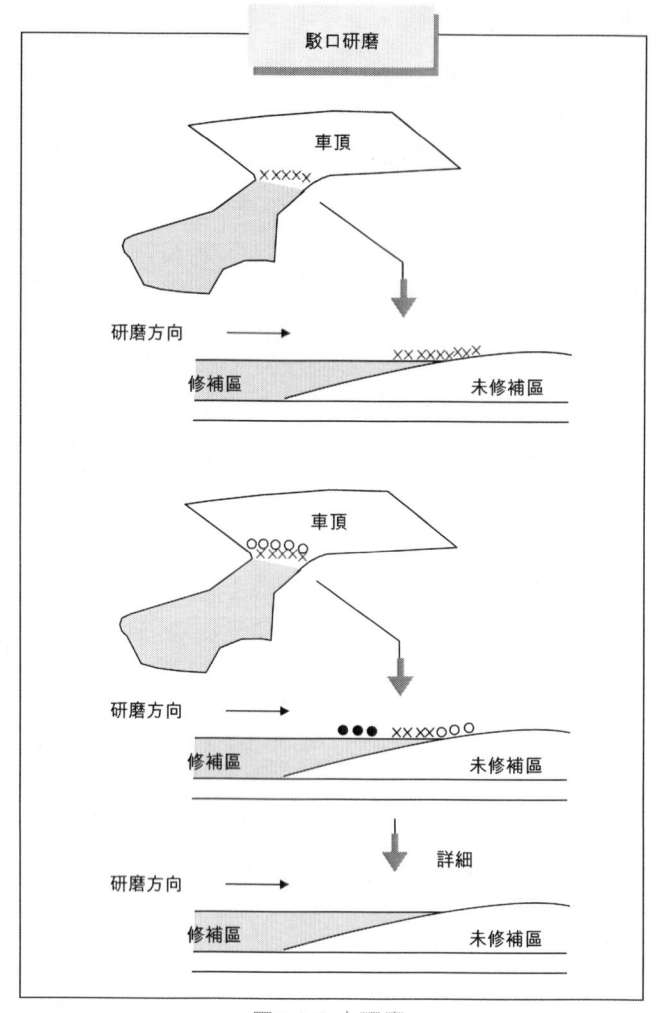

圖5-2-6 水研磨

3. 拋光劑研磨

首先，將砂紙研磨好的部位及周邊 (未修補塗膜和修補塗膜的一端) 用細膩拋光劑研磨；其次，在細膩拋光劑研磨後，用超細膩拋光劑研磨；最後，用超微粒子拋光劑從修補區到未修補區域進行研磨，使駁口部分的肌理平滑並有光澤。如圖5-2-7 所示。

圖5-2-7 拋光劑研磨

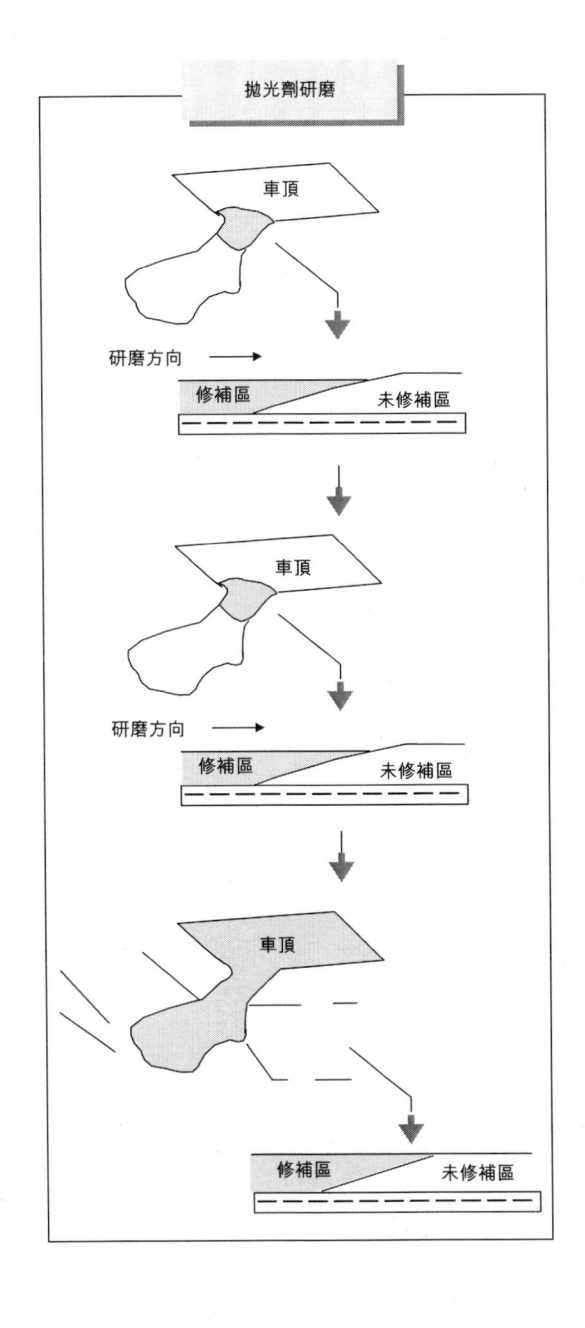

國家圖書館出版品預行編目（CIP）資料

汽車維修塗裝技術 / 石光成 主編. -- 第一版.
-- 臺北市：崧博出版：崧燁文化發行, 2019.05
　　面；　公分
POD版

ISBN 978-957-735-865-3(平裝)

1.汽車維修 2.塗料

447.167　　　　　　　　　　　　　　108006764

書　　名：汽車維修塗裝技術
作　　者：石光成 主編
發 行 人：黃振庭
出 版 者：崧博出版事業有限公司
發 行 者：崧燁文化事業有限公司
E - m a i l：sonbookservice@gmail.com
粉 絲 頁：　　　　　網　址：
地　　址：台北市中正區重慶南路一段六十一號八樓 815 室
8F.-815, No.61, Sec. 1, Chongqing S. Rd., Zhongzheng
Dist., Taipei City 100, Taiwan (R.O.C.)
電　　話：(02)2370-3310　傳　真：(02) 2370-3210

總 經 銷：紅螞蟻圖書有限公司
地　　址：台北市內湖區舊宗路二段 121 巷 19 號
電　　話：02-2795-3656　傳真：02-2795-4100　　網址：

印　　刷：京峯彩色印刷有限公司（京峰數位）

　　本書版權為西南師範大學出版社所有授權崧博出版事業股份有限公司獨家發行
電子書及繁體書繁體字版。若有其他相關權利及授權需求請與本公司聯繫。

定　　價：350 元

發行日期：2019 年 05 月第一版

◎ 本書以 POD 印製發行